Autoren:

Rainer Eich
Dipl.-Ing., Freier Architekt
Öffentlich bestellter und vereidigter Sachverständiger für Architektenleistungen
in HOAI-Spezial Sachverständigen-Sozietät GmbH Göppingen/Berlin

Anke Eich
Magistra Artium
Rechtsanwältin
in HOAI-Spezial Sachverständigen-Sozietät GmbH Göppingen/Berlin

Fachliche Beratung und Mitarbeit:

Dr. Michael Burwick
Dipl.-Ing., Dipl.-Wirt.-Ing. (FH)
Öffentlich bestellter und vereidigter Sachverständiger für
Honorare für Leistungen der Architekten und Bauingenieure
in HOAI-Spezial Sachverständigen-Sozietät GmbH Göppingen/Berlin

Werner Verlag 2011

1. Auflage 2006
2. Auflage 2011

Bibliografische Information Der Deutschen Bibliothek
Die Deutsche Bibliothek verzeichnet diese Publikation in der Deutschen Nationalbibliografie; detaillierte bibliografische Daten sind im Internet über **http://dnb.ddb.de** abrufbar.

ISBN 978-3-8041-8853-2

www.werner-verlag.de
www.wolterskluwer.de

Umschlagsentwurf: GrafikDesign Hans-Dieter Eich, Bad Breisig
Satz: MainTypo, Frankfurt am Main
Druck: Wilhelm & Adam OHG, Heusenstamm

Vorwort 1.

Einführung 2.

Vertragsmuster 3.

Checklisten 4.

Anmerkungen zum Vertragsmuster 5.

Prüffähige Honorarrechnung 6.

Bewertung der Leistungen 7.

Auszug aus der HOAI 2009 8.

Vorwort

Vorwort

Rainer Eich ist öffentlich bestellter und vereidigter Sachverständiger für Architektenhonorare und seit über 30 Jahren bei mittlerweile 140 verschiedenen Gerichten bundesweit tätig.

Anke Eich ist Rechtsanwältin und Sachverständige für Architekten- und Ingenieurhonorare und hat ihren Arbeitsschwerpunkt auf die Honorarproblematik bei Architekten und Ingenieurleistungen gelegt.

In vorgerichtlichen Beratungsgesprächen und in Honorarprozessen stellen sie immer wieder fest, dass

- beide Parteien ihren Prozess nicht gut genug vorbereitet haben, um diesen möglichst ohne Reibungsverluste führen zu können und
- Architekt und Bauherr nicht selten Begriffe ins Feld führen, deren Inhalt und rechtliche Bedeutung sie schlichtweg verkennen.

Warum werden so oft Ansichten aus Kommentaren und Urteilen kritiklos übernommen und nicht hinterfragt, ob diese auf den anstehenden individuellen Fall anwendbar sind?

Zum einen, weil es der einfachere Weg ist, und zum anderen, weil es die Anderen auch so handhaben.

Hier wollen die Autoren ansetzen, die dringend notwendige Vorarbeit für ein generelles Umdenken im Architekten- bzw. Ingenieurvertragsrecht einbringen und versuchen, die durch meist nicht sinnvolle Vertragsmuster entstehenden Ungereimtheiten, die in Honorarprozessen zu Verwirrungen führen, erkennbar zu machen, damit diesen sinnvoll und wirksam begegnet werden kann.

Es soll hiermit ein praxisbezogener Ingenieurvertrag vorgestellt werden, der mit den Vorstellungen aufräumt, man könne die Pflichten des Ingenieurs an den in der HOAI aufgezählten Leistungen festmachen und daran anknüpfend feststellen, ob sein Werk mangelfrei ist. Anstelle dieses aus Sicht der Autoren falschen Wegs ist es notwendig, die vom Ingenieur zu planende technische Anlage und deren zu erzielende Beschaffenheit zu beschreiben. Nur daran kann abgeglichen werden, ob der Ingenieur das Werk geschaffen hat, das er versprochen hatte.

In der Reihenfolge der einzelnen Paragraphen des Vertragsmusters werden die Autoren erläutern, was gegenüber der tradierten Vertragsgestaltung geändert werden muss, damit das Vertragsverhältnis zwischen Bauherr und Planer auch im Streitfall und unter Berücksichtigung der beiden inhaltlich meist verkürzt wiedergegebenen Urteile des Bundesgerichtshofs vom 24.06.2004 und 11.11.2004 sinn- und schonungsvoller, auf jeden Fall aber gerechter als bisher, abgewickelt werden kann.

Aufgrund der am 18.08.2009 in Kraft getretenen HOAI 2009 ist es an der Zeit, die erste Auflage dieses Handbuchs vom März 2006 zu aktualisieren und die seit dieser Zeit zusätzlich gewonnenen Erkenntnisse in diese 2. Auflage einzubringen.

Berlin, im Februar 2011

Rainer Eich
Diplom-Ingenieur, Freier Architekt
Öffentlich bestellter und vereidigter
Sachverständiger für Architektenleistungen

Anke Eich
Magistra Artium
Rechtsanwältin
Sachverständige für Architekten- und Ingenieurhonorare

Einführung

Einführung

Der Abschluss eines Vertrags geschieht niemals im luftleeren Raum, sondern ist immer in einen rechtlichen Kontext eingebettet, welcher maßgebliche Auswirkungen auf die gegenseitigen Verpflichtungen der Vertragsparteien hat. Bevor auf den im Rahmen dieses Handbuchs vorgestellten werkvertragsgerechten **Ingenieurvertrag für Technische Ausrüstung** genauer eingegangen wird, soll daher in gebotener Kürze und auch für Nichtjuristen verständlich auf die auch für den Ingenieurvertrag wesentlichen Grundzüge des Vertragsrechts **am Beispiel des Architektenvertrags für Gebäudeplanung** eingegangen werden.

Rechtliche Einordnung des Architektenvertrags[1]

Das Bürgerliche Gesetzbuch (BGB) regelt im sogenannten besonderen Schuldrecht verschiedene standardisierte Vertragstypen, so beispielsweise den allseits geläufigen Kaufvertrag. Demgegenüber haben andere, ebenfalls gängige Vertragstypen keine standardisierte Regelung im Rahmen des BGB erfahren, so auch der Architekten- und Ingenieurvertrag. Dementsprechend wurde lange Zeit diskutiert, welche Rechtsnatur diese Verträge aufweisen, wobei eine Zuordnung zum Werk- oder Dienstvertragsrecht in Betracht gezogen wurde.

Im Rahmen des in §§ 611 ff. BGB geregelten Dienstvertrags schuldet der zur Dienstleistung Verpflichtete ein Tätigwerden, welches in der Form von unabhängig erbrachten Dienstleistungen oder abhängig erbrachten Arbeitsleistungen geleistet werden kann. Er verpflichtet sich, für die Dauer eines vereinbarten Zeitraums seine Arbeitskraft gegen ein bestimmtes Entgelt zur Verfügung zu stellen und bestimmte Tätigkeiten zu verrichten. Diese Tätigkeit stellt die geschuldete Leistung dar, auf das Arbeitsergebnis kommt es in diesem Sinne nicht an. Für das Ergebnis seiner Leistung muss der zur Dienstleistung Verpflichtete letztlich nicht einstehen, was ihn allerdings nicht davon entbindet, bei seiner Tätigkeit Sorgfalt walten zu lassen.

Demgegenüber ist das zentrale Charakteristikum des in §§ 631 ff. BGB geregelten Werkvertrags die gegenüber dem Besteller eingegangene Verpflichtung des Unternehmers, ein versprochenes Werk zu erstellen. Hier schuldet der Unternehmer ein Arbeitsergebnis. Das von ihm geschuldete Werk ist das Ergebnis einer Leistung und dies unabhängig davon, welche Einzelleistungen hierzu erforderlich sind. Da es entscheidend nur auf den vertraglich geschuldeten Erfolg ankommt, enthält das BGB für den Werkvertrag auch keinerlei Regelungen, auf welchem Weg der Unternehmer dieses Ziel erreichen soll. Generell ist unwesentlich, welche und wie viele Arbeitsschritte zum Erfolg führen und wie sie ausgeführt werden. Ist das geschuldete Werk im Ergebnis mangelfrei, ist der Vertrag von Seiten des Unternehmers erfüllt. Die Gegenleistung, der Werklohn, wird damit durch Herbeiführen des werkvertraglich geschuldeten Erfolgs verdient und nicht durch Abarbeiten einzelner Arbeitsschritte.

Architekten- und Ingenieurleistungen weisen eine Vielfalt und Verschiedenartigkeit auf, da sie einerseits erfolgsorientiert, andererseits auch teilweise dienstleistungsorientiert, beispielsweise beratend oder betreuend, ausgerichtet sein können. Dies führte dazu, dass die rechtliche Einordnung des Architektenvertrags als Werk- oder Dienstvertrag lange Zeit nicht ausdiskutiert war. Zu früheren Zeiten hat die oberste Rechtsprechung einen Architektenvertrag, der ausschließlich die Planung betraf, als Werkvertrag gewertet, jedoch bei einem Vertrag, der neben der Planung auch die Überwachung der Objektausführung zum Gegenstand hatte, den Schwerpunkt der vom Architekten zu erbringenden Leistung bei der Bauleitung gesehen und einen Dienstvertrag angenommen.

Inzwischen hat aber der Bundesgerichtshof sich eindeutig für die generelle Einordnung des Architekten- und Ingenieurvertrags in das Werkvertragsrecht entschieden.

---

1 Die folgenden Ausführungen gelten für den Ingenieurvertrag entsprechend.

Die Sonderstellung des Architektenvertrags im Werkvertragsrecht

Im Werkvertrag verpflichtet sich der Unternehmer zur Herstellung des versprochenen Werks, der Besteller zur Entrichtung der vereinbarten Vergütung. Der Werkvertrag ist damit erfolgs-, nicht tätigkeitsorientiert. Vertragsgegenstand im Werkvertrag ist somit nicht die Erledigung gewisser Tätigkeiten sondern das Werk, das der Besteller im Rahmen der Erfüllung dieses Vertrags erwartet.

Im Werkvertrag ist das Werk, das der Auftraggeber bestellt, normalerweise identisch mit dem Werk, das der Unternehmer herstellt (siehe Abb. 1). Im Architektenvertrag ist dies nicht so. Das Werk, das der Auftraggeber bestellt, ist das Bauwerk. Dieses aber stellt der Architekt selbst nicht her. Das Bauwerk ist vielmehr ein Konglomerat aus verschiedenen erfüllten Werkverträgen zwischen dem Bauherrn und dem

- Architekten,
- Tragwerksplaner,
- Ingenieur für die Technische Ausrüstung,
- Maurer,
- Zimmermann,
- Dachdecker,
- Maler,
- Bodenleger,
- etc.

Abb. 1
§ 631 (1) BGB
Das gegenseitige Leistungsversprechen

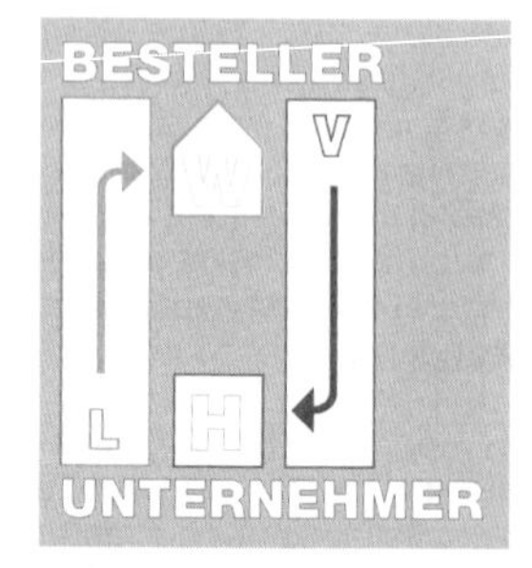

L = Leistungsversprechen
W = das Werk, der geschuldete Erfolg
V = Vergütungsversprechen
H = Honorar

Das Werk des Architekten ist ein geistiges Werk, das durch Zeichnungen, Beschreibungen, Berechnungen und Kostenaufstellungen visualisiert wird, damit hieraus der Auftraggeber und die Handwerksfirmen erkennen können, was letztendlich entstehen soll. Das Architektenwerk ist nicht Selbstzweck, sondern lediglich das Medium zur Realisierung des Bauwerks (siehe Abb. 2). Das Bauwerk aber, das im Rahmen des Vertragsverhältnisses vom Bauherrn erwartete Werk, ist die im größeren Maßstab materialisierte Kopie des Architektenwerks, seine reale Umsetzung.

Abb. 2
§ 631 (1) BGB
Das gegenseitige Leistungsversprechen im Architektenvertrag

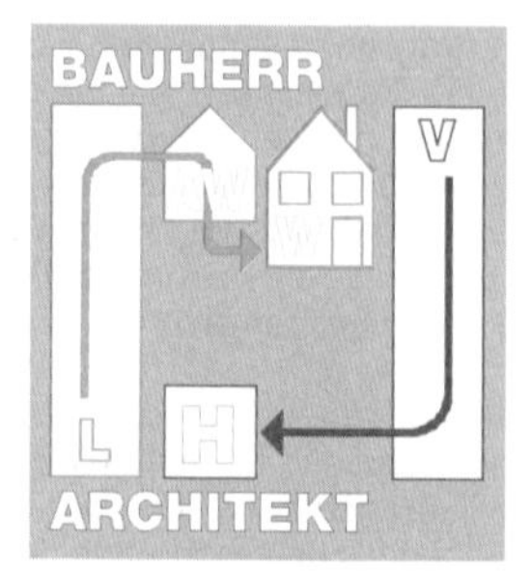

L = Leistungsversprechen
AW = das Architektenwerk
W = das geschuldete Werk (Bauwerk)
V = Vergütungsanspruch
H = Honorar

Üblicherweise wird vom Besteller das körperliche Werk als Vertragsgegenstand derart eindeutig vorgegeben, dass daran später der Erfolg des Unternehmers gemessen werden kann. So beschreibt beispielsweise der Auftraggeber, der die Maßanfertigung einer Leiter beauftragt, im Vertrag mit dem Schreiner:[2]

- Vertragsgegenstand: Leiter,
- Material: astfreies Buchenholz,
- Länge: 6 m,
- Sprossen: 32 Rundsprossen,
- Abstand der Holme oben: 45 cm,
- Abstand der Holme unten: 65 cm,
- Sonstiges: an den unteren Enden zwei Edelstahlschuhe mit 8 cm langen und 1,5 cm dicken Dornen, die passgenau in die vom Auftraggeber übergebenen Köcher passen müssen.

---

2 Dieses Beispiel soll verdeutlichen, wie viel Wert auf Genauigkeit in der Beschreibung des Vertragsgegenstands oftmals bei vermeintlich überschaubaren Werkverträgen gelegt wird. Es ist jedoch darauf hinzuweisen, dass im Falle der beim Schreiner beauftragten Leiter aufgrund von § 651 BGB unter Umständen auch Regelungen aus dem Umfeld des Kaufvertrags Anwendung finden können.

Die Beschaffenheit des Werkes und damit der geschuldete Erfolg ist somit eindeutig beschrieben. Fällt die Leiter nicht exakt so aus, hat der Unternehmer sein Werk nicht mangelfrei erbracht und ohne Nachbesserung keinen Anspruch auf die vereinbarte Vergütung.

Die Überprüfung des fertigen Werkes auf seine Mangelfreiheit hin hängt damit wesentlich von der vorher zwischen den Vertragsparteien abgestimmten und vereinbarten (Soll-)Beschaffenheit des Werkes ab. Diese individuell vereinbarte Beschaffenheit hat nach § 633 Abs. 2 S. 1 BGB, welcher die maßgeblichen Regelungen über Sach- und Rechtsmängel des Werks beinhaltet, absoluten Vorrang. Hätten die Parteien eine solche Beschaffenheitsvereinbarung nicht getroffen, so hätte der Unternehmer jederzeit auch eine Leiter aus Aluminium fertigen können, sofern der Besteller auch diese Leiter für seine Zwecke nutzen kann. Legt der Besteller also Wert auf das Material Buchenholz, tut er gut daran, dieses ausdrücklich zu vereinbaren.

So sieht die gängige Praxis bei Architektenverträgen aber leider nicht aus.

Die Beschaffenheitskriterien des Architektenwerks

Eine ausdrückliche Vereinbarung der Beschaffenheit ist in den meisten gängigen Architektenvertragsmustern nicht vorgesehen. Die typische Beschreibung einer Planungsaufgabe in einem Architektenvertrag sieht in der Regel etwa folgendermaßen aus:

Vertragsgegenstand:
Neubau eines Verwaltungsgebäudes, Leistungsphasen 1 – 9 des § 33 HOAI 2009

Diese Vorgehensweise verkennt das Wesentliche. Der Werkvertrag ist erfolgsorientiert und der Auftraggeber darf am Ende das von ihm gewollte Werk, das Bauwerk, erwarten. Doch welches Werk erwartet wird, erschließt sich nicht, wenn der Bauherr dieses nicht im Rahmen des Architektenvertrags als Vertragsgegenstand exakt beschreibt und zu erreichen vorgibt. Nur wenn die Vertragsparteien die Beschaffenheit des Werks, das der Auftraggeber erwartet, bei der Auftragsgestaltung exakt vorgeben, können sie anhand dieser eindeutig festgelegten Kriterien später die Abnahmefähigkeit des Architektenwerks abgleichen. Dies dient der Rechtsklarheit für beide Seiten.

Zur Beschreibung der Beschaffenheit ist der Bezug auf die einzelnen Leistungsphasen der HOAI der absolut falsche Weg. Dies, da die HOAI als Preisrecht grundsätzlich nur regeln kann, welche Tätigkeiten des Architekten, wenn sie denn erbracht werden müssen, von einem gewissen (Grund-)Honorar abgedeckt sind. Die Anlage 11 zum § 33 HOAI ist kein Erfüllungsverpflichtungskatalog im Sinne des Vertragsrechts, sondern lediglich eine Abgleichsliste aus dem Preisrecht, anhand derer der Verordnungsgeber bestimmt hat, was vom (Grund-)Honorar abgegolten und wofür unter gewissen Umständen ein zusätzliches Honorar zu gewähren ist.

Die in § 33 HOAI aufgeführten sogenannten Leistungsphasen und die in Anlage 11 zu § 33 HOAI aufgezählten sogenannten Leistungen[3] sind nicht mit dem Ergebnis der Arbeit des Architekten gleichzusetzen, sondern stellen letztlich nur einzelne Arbeitsschritte, Tätigkeiten und Handlungen des Architekten auf dem Weg hin zu dem zu erreichenden Arbeitsergebnis, dem werkvertraglich geschuldeten Erfolg dar.

Durch bloßes Aufzählen dieser Arbeitsschritte im Rahmen des Architektenvertrags kann das vom Auftraggeber erwartete Arbeitsergebnis, der vom Auftragnehmer geschuldete Werkerfolg, in keiner Weise beschrieben und festgelegt werden.

Es dient dem Auftraggeber überhaupt nicht, dem Architekten ausdrücklich das Abarbeiten gewisser aufgezählter Tätigkeiten abzuverlangen, zum Beispiel die
- **Grundlagen zu analysieren**, wenn er nicht weiß, in welche Richtung diese tauglich sein sollen,

3 Dies sind die früheren sogenannten Grundleistungen des § 15 HOAI 1996.

- **Randbedingungen und Zielkonflikte abzustimmen**, wenn er nicht weiß, welches Ziel es zu erreichen gilt,
- **Planungskonzepte zu erarbeiten**, wenn ihm die Vorstellungen seines Auftraggebers und seine Wünsche an das Gebäude unbekannt sind,
- **Entwurfsunterlagen zusammenzufassen**, wenn die Entwurfsaussage des Architekten am eigentlichen Ziel vorbeigeschossen ist.

In diesem Sinne hat der BGH im Jahr 1996 entschieden, dass die HOAI keine normativen Leitbilder für den Inhalt von Architekten- und Ingenieurverträgen enthält und deren Leistungsbilder lediglich Gebührentatbestände für die Berechnung des Honorars der Höhe nach sind. Er hat ausdrücklich klargestellt, dass sich allein aus dem geschlossenen Vertrag ergibt, was der Architekt oder Ingenieur seinem Bauherrn vertraglich schuldet.[4] Wird im Rahmen des Vertrags keine gesonderte Vereinbarung diesbezüglich getroffen, so schuldet der Planer diejenigen Leistungen, die erforderlich sind, um seinen Vertrag zu erfüllen und bekommt hierfür die Vergütung, die die HOAI für die vollständige Erfüllung des Vertrags vorsieht. Hieran ändert aus Sicht der Autoren auch die spätere Rechtsprechung des BGH aus dem Jahr 2004[5] nichts, die nach wie vor von dem Grundsatz ausgeht, dass sich die Pflichten des Architekten allein aus den vertraglichen Vereinbarungen zwischen den Parteien ergeben. Umso wichtiger ist es, bei der Formulierung des Vertrags große Sorgfalt walten zu lassen.

Der Architektenvertrag ist in seiner Grundausrichtung auf die Konkretisierung eines Gebäudes fokussiert. Somit muss das Gebäude als Vertragsgegenstand im Vertrag eindeutig beschrieben werden und nicht der Arbeitsweg dorthin und die auf diesem Weg eventuell zu erledigenden Einzeltätigkeiten.

Sinnvollerweise erfolgt dies beispielsweise anhand von Vorgaben des Auftraggebers in Bezug auf

- das **Raumprogramm** mit allen benötigten Haupt- und Nebennutzflächen mit m²-Angaben,
- das **Funktionsprogramm** mit Beschreibung der in den Räumen erforderlichen ständigen oder variablen Nutzungsmöglichkeiten,
- den **Finanzierungsrahmen** mit grober Abgrenzung der Kosten des Bauwerks,
- die Liste der bevorzugten **Materialien**,
- den **Zeitplan** als Erwartungsvorstellung des Ablaufs und der Erfüllung der Gesamtaufgabe,

welche im Einzelfall durch weitere Parameter zu ergänzen sind.

Bei einem vollumfänglichen Architektenauftrag, nach dessen Erfüllung der Auftraggeber das fertige Gebäude betreten kann, kann am Gebäude selbst sehr exakt und rechtlich sicher abgeglichen werden, ob der Architekt sein werkvertraglich geschuldetes Ziel erreicht und somit seinen Vertrag erfüllt hat.

Bei Architektenteilaufträgen, beispielsweise einem Planungsauftrag ohne Bauleitungsbeauftragung, steht normalerweise das fertige Gebäude zum Abgleich noch nicht zur Verfügung. Aber auch hier muss das vom Auftraggeber ins Auge gefasste Gesamtziel, das Gebäude, auch wenn dieses in dem entsprechenden Teilauftrag nicht geschuldet ist, ähnlich genau wie bei einem Vollauftrag definiert sein. Andernfalls kann die Zielrichtung dieses Teilauftrags und somit das zu erreichende Etappenziel nicht festgemacht werden. Das Ziel eines Architektenteilauftrags, der durch den Teilauftrag geschuldete Werkerfolg, muss nun eigenständig festgelegt sein.

Das im Folgenden vorgestellte werkvertragsgerechte **Ingenieurvertragsmuster für Technische Ausrüstung** vermeidet die herkömmlichen Klippen der alten Musterverträge und stellt klar, woran die Beschaffenheit des Ingenieurwerks erkannt und damit dessen Mangelfreiheit festgemacht werden kann.

---

4 BGH, Urteil vom 24.10.1996 – VII ZR 283/95, BauR 1997, 154.

5 BGH, Urteil vom 24.06.2004 – VII ZR 259/02, BauR 2004, 1640. Vgl. auch BGH, Urteil vom 11.11.2004 – VII ZR 128/03, BauR 2005, 400.

Dieses Ingenieurvertragsmuster ist für beide Vertragsseiten, Auftraggeber wie Auftragnehmer, erklärungsbedürftig, da es fundamental von den meisten gängigen Vertragsmustern abweicht. Es folgt nicht dem aus Sicht der Autoren grundfalschen Ansatz, die Aufzählung der sogenannten (Grund-)Leistungen aus der HOAI (vgl. Anlage 14 zu § 53 Abs. 1 HOAI 2009) stelle einen Leistungserbringungsverpflichtungskatalog für den Fachplaner dar und diese sogenannten Leistungen seien somit werkvertragsrechtlich geschuldet. Geschuldet ist das Werk, das der Bauherr über seinen Architekten beschreibt und in Auftrag gibt. Zu erreichen ist somit ein ganz bestimmter Erfolg, nicht Arbeitsschritte, die lediglich den Weg zum Erfolg darstellen. Das Ingenieurvertragsmuster setzt vielmehr dort an, wo es gilt, das geschuldete Werk selbst und dessen Beschaffenheit zu beschreiben. Dies macht die Vertragsgestaltung zwar etwas aufwendiger, jedoch ist dieser Mehraufwand wegen der dadurch erreichbaren weit höheren Rechtssicherheit zweifelsfrei vertretbar.

Vertragsmuster

Ingenieurvertrag über Leistungen bei der Technischen Ausrüstungn

1 Vertragspartner

Auftraggeber (AG): Auftragnehmer (AN):

2 Vertragsgegenstand

2.1 Beschreibung der mit Technik auszurüstenden Objekte

Bauvorhaben: ....
Stadt/Gemeinde: ....
Straße: ....
Gebäude: ....
Ingenieurbauwerk: ....
weitere bauliche Anlagen: ....
mit folgender Zweckbestimmung: ....
.... Siehe Anlage 2.

2.2 Beauftragung der Planungsleistungen für folgende Anlagengruppen

☐ 1. Abwasser-, Wasser-, Gasanlagen
☐ 2. Wärmeversorgungsanlagen
☐ 3. Lufttechnische Anlagen
☐ 4. Starkstromanlagen
☐ 5. Fernmelde-/ informationstechnische Anlagen
☐ 6. Förderanlagen
☐ 7. Nutzungsspezifische Anlagen
☐ 8. Gebäudeautomation

3 Vertragsziel

3.1 Zustandsbeschreibung des Anlagenbestands (Bauen im Bestand)

....
....
....
.... Siehe Anlage 3.1.

3.2 Richtungsweisende Zielvorgaben des Auftraggebers bei Auftragserteilung (Beschaffenheitskriterien)

Die Beschaffenheit der Anlagen hat sich an den Vorgaben der Ziffern 3.2.1 und 3.2.2 dieses Vertrags zu orientieren. Das Werk des Fachingenieurs ist sachmangelfrei im Sinne des § 633 Abs. 2 S. 1 BGB, wenn es diesen Vorgaben entspricht. Werden im Rahmen dieses Vertrags keine Beschaffenheitsparameter vorgegeben, gilt § 633 Abs. 2 S. 2 BGB.

3.2.1 Zielvorgaben aus der Objektplanung

Die Rahmenbedingungen der Zielvorgaben des AG ergeben sich den planerischen Vorgaben an den Objektplaner:

....

....

Die in dem Architektenvertrag mit dem Objektplaner vom AG vorgegebenen Beschaffenheitskriterien in Bezug auf das Raumprogramm, das Funktionsprogramm, das Ausstattungsprogramm, die Materialvorgaben, die Gestaltungsvorgaben, die Kostenvorgaben, die Terminvorgaben und u.U. die weiteren Vorgaben werden dem AN zur Kenntnis gegeben, diesem Vertrag als Anlagen beigefügt und werden, soweit sie die technische Ausrüstung betreffen, Bestandteil dieses Vertrags.

3.2.2 Zielvorgaben für die Technischen Anlagen

Die im Hinblick auf die technischen Anlagen vorgesehenen Beschaffenheitskriterien werden, soweit zum Zeitpunkt dieser Auftragserteilung möglich, wie folgt festgelegt:

3.2.2.1 Abwasser-, Wasser-, und Gasanlagen

3.2.2.1.1 Abwasseranlagen

geforderte Funktionen: ....
gewünschte Ausstattungen: ....
benötigte Kapazitäten: ....
bevorzugte Materialien: ....
Kostenvorstellung des AG: ....
angestrebter Fertigstellungstermin: ....
weitere Vorgaben: ....

3.2.2.1.2 Wasseranlagen

geforderte Funktionen: ....
gewünschte Ausstattungen: ....
benötigte Kapazitäten: ....
bevorzugte Materialien: ....
Kostenvorstellung des AG: ....
angestrebter Fertigstellungstermin: ....
weitere Vorgaben: ....

3.2.2.1.3 Gasanlagen

geforderte Funktionen: ....
gewünschte Ausstattungen: ....
benötigte Kapazitäten: ....
bevorzugte Materialien: ....
Kostenvorstellung des AG: ....
angestrebter Fertigstellungstermin: ....
weitere Vorgaben: ....

3.2.2.2 Wärmeversorgungslagen

geforderte Funktionen: ....
gewünschte Ausstattungen: ....
benötigte Kapazitäten: ....
bevorzugte Materialien: ....
Kostenvorstellung des AG: ....
angestrebter Fertigstellungstermin: ....
weitere Vorgaben: ....

3.2.2.3 Lufttechnische Anlagen

geforderte Funktionen: ....
gewünschte Ausstattungen: ....
benötigte Kapazitäten: ....
bevorzugte Materialien: ....
Kostenvorstellung des AG: ....
angestrebter Fertigstellungstermin: ....
weitere Vorgaben: ....

3.2.2.4 Starkstromanlagen

geforderte Funktionen: ....
gewünschte Ausstattungen: ....
benötigte Kapazitäten: ....
bevorzugte Materialien: ....
Kostenvorstellung des AG: ....
angestrebter Fertigstellungstermin: ....
weitere Vorgaben: ....

3.2.2.5 Fernmelde- und informationstechnische Anlagen

3.2.2.5.1 Fernmeldeanlagen

geforderte Funktionen: ....
gewünschte Ausstattungen: ....
benötigte Kapazitäten: ....
bevorzugte Materialien: ....
Kostenvorstellung des AG: ....
angestrebter Fertigstellungstermin: ....
weitere Vorgaben: ....

3.2.2.5.2 Informationstechnische Anlagen

geforderte Funktionen: ....
gewünschte Ausstattungen: ....
benötigte Kapazitäten: ....
bevorzugte Materialien: ....
Kostenvorstellung des AG: ....
angestrebter Fertigstellungstermin: ....
weitere Vorgaben: ....

3.2.2.6 Förderanlagen

geforderte Funktionen: ....
gewünschte Ausstattungen: ....
benötigte Kapazitäten: ....
bevorzugte Materialien: ....
Kostenvorstellung des AG: ....
angestrebter Fertigstellungstermin: ....
weitere Vorgaben: ....

3.2.2.7 Nutzungsspezifische Anlagen

geforderte Funktionen: ....
gewünschte Ausstattungen: ....
benötigte Kapazitäten: ....
bevorzugte Materialien: ....
Kostenvorstellung des AG: ....
angestrebter Fertigstellungstermin: ....
weitere Vorgaben: ....

3.2.2.8 Gebäudeautomation

geforderte Funktionen: ....
gewünschte Ausstattungen: ....
benötigte Kapazitäten: ....
bevorzugte Materialien: ....
Kostenvorstellung des AG: ....
angestrebter Fertigstellungstermin: ....
weitere Vorgaben: ....

3.3 Konkrete Zielvorgaben am Ende der Vorplanung (Beschaffenheitskriterien)

Die Vertragsparteien verpflichten sich, die bei Auftragserteilung in Ziffer 3.2 definierten richtungsweisenden Zielvorgaben im Verlauf der Vorplanungsphase gemeinsam zu verdichten und dem Planungsstand entsprechend präziser zu definieren. Die derart fortgeschriebenen Zielvorgaben werden am Ende der Vorplanungsphase anhand der hierfür vorgesehenen Checkliste abgefragt und durch die bis dahin erstellten Pläne, Beschreibungen und Kostenermittlungen dokumentiert. Diese am Ende der Vorplanungsphase festgehaltenen Zielvorgaben stellen die konkreten Beschaffenheitskriterien der Technischen Anlagen dar.

3.4 Änderung des Vertragsziels

Verändert der AG das in Ziffer 3.2 vorgegebene und in Ziffer 3.3 konkretisierte Vertragsziel (Leistungsziel im Sinne des § 3 Abs. 2 HOAI) und werden hierdurch weitere Leistungen des AN erforderlich, verpflichten sich die Vertragsparteien schon jetzt, für diese Leistungen eine schriftliche Vergütungsvereinbarung im Sinne des § 3 Abs. 2 S. 2 HOAI zu treffen.

4 Vertragsgrundlagen

Sind keine anderen Regelungen rechtswirksam vereinbart worden, gelten zur Abwicklung dieses Vertragsverhältnisses die nachfolgend aufgeführten Normen und Vorgaben.

4.1 Bürgerliches Gesetzbuch (BGB)

Insbesondere die Bestimmungen über den Werkvertrag, §§ 631 ff. BGB.

4.2 Honorarordnung für Architekten und Ingenieure (HOAI 2009)

4.2.1 Bei anrechenbaren Kosten bis 3.834.689 € / Abrechnungseinheit

Bei Anlagen mit anrechenbaren Kosten bis 3.834.689 € gilt die HOAI 2009.

4.2.2 Bei anrechenbaren Kosten über 3.834.689 € / Abrechnungseinheit

Bei Anlagen mit anrechenbaren Kosten über 3.834.689 € gelten die Teile 1, 4 und 5 HOAI 2009, von den Vertragsparteien individuell ergänzt um die erweiterten Honorartafelwerte des § 54 Abs. 1 HOAI 2009 nach:
☐ den Richtlinien des Landes BW (RIFT) .... Siehe Anlage 4.2.2.
☐ folgenden Erweiterungstafeln .... Siehe Anlage 4.2.2.
Es gilt die derart erweiterte HOAI 2009 in Gänze mit allen vertrags- und preisrechtlichen Konsequenzen, wie sie der Verordnungsgeber für Anlagen mit anrechenbaren Kosten bis zu 3.834.689 € vorgegeben hat.

5 Vertragsumfang

5.1 Vollbeauftragung

☐ Der AG beauftragt den AN mit dem gesamten Leistungspaket der Anlagenplanung.

5.2 Beauftragung in sinnvoll abgerundeten Leistungspaketen

Der AG beauftragt den AN mit folgenden Stufen:
☐ **Stufe 1**: Vorplanung (siehe Ziffer 6.1.1)
☐ **Stufe 2**: Entwurfsplanung (siehe Ziffer 6.2.1)
☐ **Stufe 3**: Realisierungsplanung (siehe Ziffer 6.3.1)
☐ **Stufe 3**: Realisierungsplanung ohne Schlitz- und Durchbruchspläne, vgl. § 53 Abs. 2 HOAI (siehe Ziffer 6.3.1)
☐ **Stufe 4**: Objektüberwachung (siehe Ziffer 6.4.1)
☐ **Individuell vereinbarte Stufe** .... Siehe Anlage 5.2.1.

Erfolgt eine stufenweise Beauftragung, so stellt jede Stufe einen eigenständigen Ingenieurvertrag dar. Werden in diesem Vertrag nicht alle Stufen beauftragt, verpflichtet sich der AG bei Fortführung der Planung und/oder nach Entschluss zur Realisierung der Technischen Anlagen, den AN auch mit den **weiteren Stufen** zu beauftragen. Die jeweils weitere Stufe gilt nach Erreichen eines vorausgegangenen Stufenziels durch Abruf durch den AG **zu den in diesem Vertrag vereinbarten Regelungen**, einschließlich derjenigen, die gemäß HOAI 2009 ausdrücklich der Schriftform bei Auftragserteilung bedürfen, als rechtsgültig beauftragt. Der AN verpflichtet sich, die weiteren Aufgaben zu den Konditionen dieses Vertrags zu übernehmen.

5.2.2 Stufen nach Erstellung der Anlagen

☐ **Stufe 5**: Objektbetreuung (siehe Ziffer 6.5.1)

Der AG beauftragt den AN auch mit den im Zeitraum von vier Jahren seit der Abnahme der Bauleistungen anfallenden Objektbetreuungsmaßnahmen.

5.3 Entbindung von einzelnen Planungspflichten

Der AG wird folgende Arbeitsschritte, die zur Herbeiführung des werkvertraglich geschuldeten Erfolgs notwendig und laut HOAI 2009 mit dem (Grund-)Honorar abgegolten sind, **selbst erbringen oder von Dritten erbringen lassen**. Vergütung siehe 7.4.3.4.3.

5.3.1 ....
5.3.2 ....
5.3.3 .... Siehe Anlage 5.3.

5.4 Beauftragung besonderer Leistungen

Folgende besondere Leistungen, die neben den in Anlage 14 zu § 53 Abs. 1 HOAI 2009 aufgeführten Leistungen zum Erreichen des werkvertraglich geschuldeten Erfolgs notwendig sind, werden hiermit beauftragt: Vergütung siehe 7.4.4.

5.4.1 ....
5.4.2 ....
5.4.3 .... Siehe Anlage 5.4.

5.5 Beauftragung zusätzlicher Leistungen

Folgende zusätzliche Leistungen werden hiermit beauftragt: Vergütung siehe 7.4.5.

5.5.1 ....
5.5.2 ....
5.5.3 .... Siehe Anlage 5.5.

5.6 Beauftragung mit ergänzenden Planungsdisziplinen

Der AG hat den AN neben den Leistungen für die Technische Ausrüstung auch mit den Planungs- und/oder Bauleitungsleistungen aus folgenden Planungsdisziplinen beauftragt:

- ☐ Brandschutz Siehe Vertrag vom ....
- ☐ Energieberatung Siehe Vertrag vom ....
- ☐ Kunstlichttechnik Siehe Vertrag vom ....
- ☐ Tageslichttechnik Siehe Vertrag vom ....
- ☐ Wärmeschutz Siehe Vertrag vom ....
- ☐ Bauakustik Siehe Vertrag vom ....
- ☐ Raumakustik Siehe Vertrag vom ....
- ☐ Sonstige: ....

  ....
  ....Siehe Anlage 5.6.

5.7 Änderung des Vertragsumfangs

Verändert der AG den in Ziffer 5 definierten Vertragsumfang (Leistungsumfang im Sinne des § 3 Abs. 2 HOAI) und werden hierdurch weitere Leistungen des AN erforderlich, verpflichten sich die Vertragsparteien schon jetzt, für diese Leistungen eine schriftliche Vergütungsvereinbarung im Sinne des § 3 Abs. 2 S. 2 HOAI zu treffen.

6 Vertragsverpflichtungen des Auftragnehmers

Der werkvertragsgemäße Erfolg der planerischen Tätigkeit des AN ist ein für den AG verwendbares Planungsergebnis, das dem Planungsstand entsprechend genau erkennen lassen muss, ob und wie das vom AG bestellte Werk realisierbar ist.

Dabei ist es unerheblich, ob einige der in der Honorarordnung aufgezählten Arbeitsschritte
- mehrfach erbracht werden müssen, sofern sie, wie beispielsweise Alternativvorschläge, bei gleichbleibender Planungsaufgabe für den Entscheidungsprozeß des AG notwendig sind, oder aber
- nicht erbracht werden, sofern sie zur Sicherung des geschuldeten Erfolgs nicht notwendig sind.

6.1 Stufe 1: Vorplanung (Zielfindungsphase)

6.1.1 Werkvertraglich geschuldeter Erfolg

Im Rahmen der Vorplanung schuldet der AN ein Planungskonzept, das mit den Arbeitsschritten der Leistungsphasen 1 und 2 der Anlage 14 zu § 53 HOAI erwirkt werden kann, auf die in § 3.2 bis 3.3 beschriebenen Vorgaben eingeht und dem AG Antworten auf folgende Fragen bietet:
- Ist die Ver- und Entsorgung der jeweiligen Systeme der technischen Ausrüstung für dieses Bauvorhaben grundsätzlich gewährleistet?
- Welche Anlagensysteme sind in Bezug auf die Nutzung des Gebäudes grundsätzlich technisch integrierbar?
- Sind die Anlagensysteme in das Gesamtkonzept des Gebäudes wirtschaftlich sinnvoll einsetzbar?
- Ist der vorgegebene Kostenrahmen realistisch?
- Scheint der vorgegebene Zeitrahmen bei störungsfreiem Planungs- und Bauverlauf einhaltbar?
- Ist das Planungskonzept mit den anderen an diesem Planungsprozess beteiligten Planern abgestimmt?
- Sind die gesetzlichen Rahmenbedingungen in Bezug auf die Genehmigungsfähigkeit der Anlagen voraussichtlich erfüllbar?

Bei Baumaßnahmen im Bestand muss das Planungskonzept zudem erkennen lassen, ob
- Abbruch- und Abrissmaßnahmen berücksichtigt sind,
- ein Arbeiten ggf. bei Aufrechterhalten der Gebäudenutzung gewährleistet werden kann,
- gebäudebetriebliche und/oder personelle Umsetzungen vorgenommen oder/und
- technische Interimslösungen geschaffen werden müssen.

6.1.2 Darstellungsmittel für Stufe 1

Das Planungspaket der Stufe 1 ist dem AG zur Kenntnis zu geben und in der Regel darzustellen anhand von:
- skizzenhaften Zeichnungen der Anlagen im Maßstab 1:200,
- Funktionsschemata der einzelnen Anlagen in nachvollziehbarem Bezug zu den Architektenplänen,
- Materialbeschreibung der wichtigsten Elemente,
- Kostenaussage mit einem dem Planungsstadium entsprechenden Genauigkeitsgrad sowie einem
- schriftlichen Erläuterungsbericht mit allen
  - planerischen,
  - technischen und
  - bauablaufbedingten Randbedingungen.

6.2 Stufe 2: Entwurfsplanung

6.2.1 Werkvertraglich geschuldeter Erfolg

Im Rahmen der Entwurfsplanung schuldet der AN eine Planung, die mit den Arbeitsschritten der Leistungsphasen 3 und 4 der Anlage 14 zu § 53 HOAI erwirkt werden kann, über den Genauigkeitsgrad der Stufe 1, Vorplanung, hinausgeht, auf die in § 3 beschriebenen Vorgaben des AG eingeht und diese für jede der unter § 2.2 angekreuzten Anlagen darstellen muss und dem AG Antworten auf folgende Fragen bietet:

- Entsprechen die Systeme der Technischen Ausrüstung exakt den
  - Funktions-,
  - Kapazitäts-,
  - Ausrüstungs-,
  - Material- und
  - Qualitätsanforderungen?
- Wird der Kostenrahmen, wie vom AG am Ende der Vertragsstufe 1 akzeptiert, unter Einbeziehung der eingebrachten Änderungswünsche eingehalten?
- Sind die tragwerks-, schall- und brandschutztechnischen Anforderungen an das Gebäude berücksichtigt?
- Sind die Trassenführung und Lage der Anlagen in dem Gebäude / Bauwerk in Bezug auf spätere Zugänglichkeit und Revisionsmöglichkeit mit allen Planern abgestimmt?
- Ist der Zeitrahmen für Planung und Bauablauf mit dem des Objektplaners identisch?
- Sind die gesetzlichen Bedingungen und etwaige Vorgaben der Ent- und Versorgungsunternehmen erfüllt?

Bei Baumaßnahmen im Bestand muss die Planung zudem erkennen lassen, ob

- Abbruch- und Abrissmaßnahmen bauteil- und/oder anlagenbezogen zeit- und kostenmäßig erfasst sind,
- Demontage- und Montageleistungen ggf. bei Aufrechterhalten der betrieblichen Gebäudenutzung sichergestellt sind und
- technische Interimslösungen ggf. geplant sind.

6.2.2 Darstellungsmittel für Stufe 2

Das Planungspaket der Stufe 2 ist dem AG zur Kenntnis zu geben und in der Regel darzustellen anhand von:

- Zeichnungen der Anlagen im Maßstab 1:100,
- Berechnungs- und Bemessungsnachweis jeder Anlage,
- Kostenaussagen, getrennt nach
  - Installationen,
  - zentraler Betriebstechnik,
  - betrieblichen Einbauten und
  - nutzungsspezifischen Anlagen

  jeweils in einem dem Planungsstand entsprechenden Genauigkeitsgrad,
- einem schriftlichen ergänzenden Bericht mit allen planerischen, technischen und bauablaufbedingten Randbedingungen,
- Dokumentation aller nach der Vorplanung eingebrachten Änderungswünsche des AG und deren Auswirkungen auf die ursprünglich werkvertraglich vorgegebenen Zielvorstellungen,
- ggf. Genehmigungsunterlagen, abgestimmt auf die baurechtlichen Anforderungen.

6.3 Stufe 3: Realisierungsplanung

6.3.1 Werkvertraglich geschuldeter Erfolg

Im Rahmen der Realisierungsplanung schuldet der AN eine Planung, die mit den Arbeitsschritten der Leistungsphasen 5, 6 und 7 der Anlage 14 zu § 53 HOAI erwirkt werden kann, bestehend aus:

- Planungsunterlagen, anhand derer die Fachfirmen oder ein Generalunternehmer
  - die technischen Anforderungen an die jeweilige Anlage in Bezug auf
    - Funktionalität,
    - Größe,
    - Form,
    - Mengen,
    - Massen,
    - Materialvorgaben,
    - Qualität,
    - Oberflächenbeschaffenheit,
    - Farbe,
    - Fabrikatsvorgaben

    erkennen,
  - den Ausführungsablauf nachvollziehen und
  - ihr örtliches und zeitliches Bauumfeld exakt erkennen und danach Einheitspreise für alle Anlagenteile eindeutig kalkulieren und anbieten können,
- Kostenangebote ausführungsbereiter Unternehmer in ausreichender Zahl,
- eine Kostenaussage als Überblick über die realistisch zu erwartenden Kosten und Nebenkosten aller Anlagen und Anlagenteile sowie
- kostensichere und auf den Bauablauf terminlich abgestimmte Vergabeunterlagen.

6.3.2 Darstellungsmittel für Stufe 3

Das Planungspaket der Stufe 3 ist dem AG zur Kenntnis zu geben und in der Regel darzustellen anhand von:

- Zeichnungen als Montageplanungsvorgaben im Maßstab 1:100 bis 1:25 mit schriftlichen Ergänzungen,
- Ausschreibungsunterlagen mit exakter Beschreibung in Bezug auf Ausführungsart, Material, Menge, Dimensionierung, Qualitäten, Prüfzeugnis und Fabrikatsangaben,
- Bauablaufvorgaben, die mit dem Objektplaner und den anderen an der Planung und Ausführung fachlich Beteiligten abgestimmt sind,
- einheitspreisbezogener Kostenvergleich aller Bieter rekrutiert aus einem individuellen Preiswettbewerbsverfahren,
- Kostenaussagen aus der Summe der jeweils günstigsten Angebote, ggf. getrennt nach Neubau, Umbau oder Erweiterung der jeweiligen technischen Anlagen,
- Kostenvergleich zu vorausgegangenen Kostenaussagen,
- Vergabevorschlag mit schriftlicher Begründung und
- Formulierung der fachspezifischen Anforderungen zur Vorbereitung der Unternehmerverträge.

  Bei Abschluss von Pauschalverträgen müssen diese derart gefasst sein, dass alle Einheitspreise aller Gewerke bis hin zur Abnahme und Abrechnung transparent bleiben.

6.4 Stufe 4: Objektüberwachung

6.4.1 Werkvertraglich geschuldeter Erfolg

Im Rahmen der Objektüberwachung bei der Bauausführung schuldet der AN

- die Materialisierung des Ingenieurwerks, d. h. das Entstehenlassen der im Sinne des § 633 BGB mangelfreien Anlagen sowie

- die technische Abnahme der Anlagen,
- die Feststellung der berechtigten Unternehmerforderungen und
- die Übergabe von Planungsunterlagen, die den AG auch nach der Fertigstellung der Anlage in die Lage versetzen, etwaige Gewährleistungsansprüche gegen Bauunternehmer durchsetzen und Maßnahmen zur Unterhaltung und Bewirtschaftung der Anlage planen zu können.

6.4.2 Darstellungsmittel für Stufe 4

Die vertragskonforme Beschaffenheit und die Mangelfreiheit der Anlagen müssen dem AG zum Zwecke
- der Nachvollziehbarkeit dieser Eigenschaften,
- der u.U. später notwendigen Beweisführung gegenüber anderen an der Planung Beteiligten und
- der Sicherung seiner Rechte über das Fertigstellungsdatum hinaus

in der Regel durch folgende Unterlagen nachhaltig dokumentiert werden:
- auf die Planungsdisziplin bezogenes Bautagebuch,
- Protokolle über die vom AG, Architekt oder Nutzer veranlassten und gegenüber der Ausführungsplanung abweichenden Änderungen,
- Abnahmeprotokolle aller Werkleistungen,
- Prüfungsprotokolle aller Unternehmerrechnungen,
- Gewährleistungsfristenliste in Bezug auf alle eigenständigen Anlagen,
- Kostenaussage als Feststellungsprotokoll der tatsächlich entstandenen Anlagenkosten,
- Kostenvergleich der festgestellten Kosten mit den vorausgegangenen Kostenaussagen,
- Mappe mit allen wichtigen
  - Revisionsplänen,
  - Bedienungsanleitungen,
  - Behandlungs- und
  - Pflegeanweisungen und des
  - gesamten Schriftverkehrs,

  sofern diese Unterlagen dem AG noch nicht vorliegen.

6.5 Stufe 5: Objektbetreuung und Dokumentation

Im Rahmen der an die Leistungsphase 9 der Anlage 14 zu § 53 Abs. 1 HOAI 2009 angelehnten Objektbetreuung und Dokumentation ist der AN für den Zeitraum der Gewährleistungsfristen, begrenzt auf vier Jahre seit der Abnahme der Bauleistungen, zuständig für die
- Objektbetreuung nach Abnahme der Anlagen:
  - Entgegennehmen und Erfassen von Mängelrügen seitens des Auftraggebers direkt und/oder der Mieter/Nutzer,
  - Objektbegehung vor Gewährleistungsfristenablauf,
  - Erfassen bestehender Mängel,
  - Veranlassung der Mängelbeseitigung,
  - Überwachung der Mängelbeseitigung,
  - technische Abnahme der mängelbereinigten Anlagen,
  - Prüfung möglicher anfallender Rechnungen,
  - Mitwirkung bei der Freigabe von Sicherheiten.
- Dokumentation des Planungs- und Baugeschehens:
  - Übergabe der für den Auftraggeber
    - wichtigen Pläne,
    - Berechnungen,
    - gesamten Korrespondenz mit den Firmen,

  sofern diese Unterlagen dem Auftraggeber noch nicht vorliegen.

7 Vertragsverpflichtungen des Auftraggebers

7.1 Verpflichtung zur Vorgabe der konkreten Zielvorstellung

Der AG verpflichtet sich, bei Auftragserteilung die Zielvorgaben seinem Erkenntnisstand entsprechend genau zu definieren oder durch seinen Objektplaner verbindlich definieren zu lassen und sie dem AN in Schriftform als Arbeitsgrundlage zur Verfügung zu stellen.

Siehe hierzu Ziffer 3.2.

7.2 Verpflichtung zur Fortschreibung der Zielvorstellung

Der AG verpflichtet sich, die bei Auftragserteilung in Ziffer 3.2 definierten Zielvorgaben in sinnvollen Zeitabschnitten fortzuschreiben, dem jeweiligen Planungsstand entsprechend präziser zu definieren und dem AN schriftlich zur Kenntnis zu geben. Besteht zwischen dem Architekten, oder bei Ingenieurbauwerken dem planenden Ingenieur, und dem AN Dissens über die Zieldefinition oder Zielerreichung, ist der AG verpflichtet, auf Anforderung des AN schriftlich hierzu klärend Stellung zu nehmen.

7.3 Verpflichtung zur Kontrolle während des Planungs- und Bauprozesses

Zum Zweck der Rechtssicherheit führen die Parteien in der Regel in 14-tägiger Folge sowie zusätzlich am Ende einer jeden Planungsstufe Abstimmungsbesprechungen durch. In einem von beiden Parteien zu unterschreibenden Abstimmungsbesprechungsprotokoll wird der jeweilige Planungsstand entweder als insoweit vertragskonform bestätigt oder begründet verneint.

7.4 Vergütungsverpflichtung

7.4.1 (Grund-)Honorar

Die nach Ziffer 5.1 oder Ziffer 5.2 dieses Vertrags beauftragten, auf das am Ende der Vorentwurfsphase konkret definierte Vertragsziel ausgerichteten und in Anlage 14 zu § 53 Abs. 1 HOAI 2009 aufgezählten (Grund-)Leistungen, die zur ordnungsgemäßen Erfüllung eines Planervertrags für Technische Anlagen im Allgemeinen erforderlich sind, sind vom (Grund-)Honorar abgegolten. Sofern nachfolgend im Einzelnen nichts anderes vereinbart wird, verpflichtet sich der AG zur Entrichtung einer Vergütung für die Stufen 1 bis 4, die bei Technischen Anlagen mit anrechenbaren Kosten bis 3.834.689 € den gesetzlichen Regelungen der Gebührenordnung entspricht. Bei Kosten über 3.834.689 € erfolgt die Vergütung nach denselben Regelungen in allen rechtlichen Konsequenzen unter Beachtung der in Ziffer 4.2.2 vereinbarten Honorartafelerweiterung.

7.4.2 Zusätzliches Honorar

Leistungen, die in Anlage 14 zu § 53 Abs. 1 HOAI 2009 aufgezählt sind und die durch eine Änderung des Leistungsziels, des Leistungsumfangs, des Leistungsablaufs oder anderer Anordnungen des Auftraggebers erforderlich werden, sind gemäß § 3 Abs. 2 HOAI 2009 gesondert zu vergüten. Siehe auch Ziffer 3.4 und 5.7.

Andere als die in Anlage 14 zu § 53 Abs. 1 HOAI 2009 aufgezählten Leistungen sind gemäß § 3 Abs. 2 HOAI 2009 gesondert zu vergüten. Siehe Ziffer 7.4.4 und 7.4.6.

7.4.3 Vergütung der (Grund-)Leistungen

Die Höhe des Honorars für die nach Ziffer 5.1 oder Ziffer 5.2 beauftragten Leistungen richtet sich nach folgenden Kriterien:

7.4.3.1 Anrechenbare Kosten

Die Bemessungsgrundlage für das Honorar ist/sind gemäß
- ☐ § 6 Abs. 1 HOAI 2009 die in der Entwurfsphase erstellte Kostenberechnung,
- ☐ § 6 Abs. 2 HOAI 2009 die einvernehmlich festgelegten Baukosten, auf deren Grundlage die anrechenbaren Kosten nach den Vorgaben der HOAI zu ermitteln sind. .... Siehe Anlage 7.4.3.1.
- ☐ § 6 Abs. 2 HOAI 2009 die einvernehmlich festgelegten anrechenbaren Kosten laut Baukostenvereinbarung vom .... Siehe Anlage 7.4.3.1.

Der Ermittlung der anrechenbaren Kosten ist die DIN 276 in der Fassung von Dezember 2008 (DIN 276-1: 2008-12) zugrunde zu legen.

Ändern sich auf Veranlassung des Auftraggebers während der Laufzeit des Vertrags die anrechenbaren Kosten, ist die dem Honorar zugrunde liegende Vereinbarung hinsichtlich der anrechenbaren Kosten gemäß § 7 Abs. 5 HOAI durch schriftliche Vereinbarung anzupassen, um die Ausgewogenheit zwischen Leistung und Gegenleistung zu gewährleisten.

Vorhandene **Anlagensubstanz**, die technisch oder gestalterisch mitverarbeitet wird, wird bei den Anrechenbaren Kosten angemessen berücksichtigt und
- ☐ pauschal mit .... € für alle Auftragsstufen festgelegt,
- ☐ vom AN anhand von Plänen und Kostenvergleichen vor Rechnungslegung plausibel dargelegt oder
- ☐ von einem vereidigten Sachverständigen für Architekten-/Ingenieurhonorare anhand von Planungsnachweisen des Fachplaners neutral festgelegt.

7.4.3.2 Honorarzone

In Anwendung des § 54 Abs. 2 und ggf. Abs. 3 HOAI 2009 wird die Honorarzone festgelegt auf:

☐ I ☐ II ☐ III

7.4.3.3 Honorarsatz

Die Parteien vereinbaren anhand individueller aufwandsbezogener Einflussgrößen aus Standort, Zeit, Umwelt, Institutionen und Nutzung innerhalb der HOAI-konformen Honorarzone den Honorarsatz wie folgt:

- ☐ Mindestsatz
- ☐ Viertelsatz
- ☐ Mittelsatz
- ☐ Dreiviertelsatz
- ☐ Höchstsatz oder
- ☐ ....% des Honorarrahmens

7.4.3.4 Leistungsumfang

Wird der Ingenieurvertrag im Ganzen oder in sinnvollen Teilabschnitten vergeben, so bewertet die HOAI 2009 das Honorar für die einzelnen Leistungsstufen gemäß § 53 Abs. 1 mit folgenden Prozentsätzen:

7.4.3.4.1 Bei Vollbeauftragung gemäß Ziffer 5.1

Stufe 1:	Grundlagenermittlung	=	3,0 %
	Vorplanung	=	11,0 %
Stufe 2:	Entwurfsplanung	=	15,0 %
	Genehmigungsplanung	=	6,0 %
Stufe 3:	Ausführungsplanung	=	18,0 %
	Vorbereitung der Vergabe	=	6,0 %
	Mitwirkung bei der Vergabe	=	5,0 %
Stufe 4:	Objektüberwachung	=	33,0 %
Stufen 1-4:		=	97,0 %
Insgesamt bei Beauftragung aller Auftragsstufen zuzüglich			
Stufe 5:	Objektbetreuung	=	3,0 %
Σ		=	100,0 %

7.4.3.4.2 Bei stufenweiser Beauftragung gemäß Ziffer 5.2

Mit folgenden Prozentsätzen ist die Vergütung der gemäß 5.2.1 und 5.2.2 beauftragten Stufen entsprechend § 53 HOAI abgegolten:

Stufe 1: **Vorplanung:**

Grundlagenermittlung	=	3,0 %
Vorplanung	=	11,0 %
Σ	=	14,0 %

Stufe 2: **Entwurfsplanung:**

Entwurfsplanung	=	15,0 %
Genehmigunsplanung	=	6,0 %
Σ	=	21,0 %

Stufe 3: ☐ **Realisierungsplanung:**

Ausführungsplanung	=	18,0 %
Vorbereitung der Vergabe	=	6,0 %
Mitwirkung bei der Vergabe	=	5,0 %
Σ	=	29,0 %

Stufe 3: ☐ **Realisierungsplanung** gemäß § 53 Abs. 2 HOAI 2009, ohne Schlitz- und Durchbruchspläne:

Ausführungsplanung	=	14,0 %
Vorbereitung der Vergabe	=	6,0 %
Mitwirkung bei der Vergabe	=	5,0 %
Σ	=	25,0 %

Stufe 4: **Bauleitung:**

Objektüberwachung	=	33,0 %
Σ	=	33,0 %

Stufe 5: **Objektbetreuung:**

Objektbetreuung und Dokumentation

☐ 3,0 %

☐ pauschal .... €

☐ auf Zeitnachweis mit: .... €/Std.

7.4.3.4.3 Bei Entbindung von einzelnen Planungspflichten

Die nach Ziffer 5.3 ausgenommenen Arbeitsschritte werden wie folgt bewertet und mindern dementsprechend das 100 %ige Honorar:
Leistungsminderung gemäß 5.3.1 .... %-Punkte
Leistungsminderung gemäß 5.3.2 .... %-Punkte
Leistungsminderung gemäß 5.3.3 .... Siehe Anlage 7.4.3.4.3.

7.4.4 Vergütung der besonderen Leistungen

Die nach Ziffer 5.4 beauftragten Arbeitsschritte werden wie folgt bewertet und vergütet:
Beauftragung gemäß 5.4.1 .... % oder pauschal .... €
Beauftragung gemäß 5.4.2 .... % oder pauschal .... €
Beauftragung gemäß 5.4.3 .... % oder pauschal .... Siehe Anlage 7.4.4.

7.4.5 Vergütung der zusätzlichen Leistungen

Die nach Ziffer 5.5 beauftragten zusätzlichen Arbeitsschritte werden wie folgt bewertet und vergütet:
Beauftragung gemäß 5.5.1 .... % oder pauschal .... €
Beauftragung gemäß 5.5.2 .... % oder pauschal .... €
Beauftragung gemäß 5.5.3 .... Siehe Anlage 7.4.5.

7.4.6 Vergütung der Mehraufwendungen bedingt durch

7.4.6.1 Auftragsteilung in zwei oder mehrere Ingenieurteilaufträge

Wird ein Ingenieurvollauftrag phasenweise aufgeteilt und in zwei oder mehreren in sich abgeschlossenen Teilen an zwei oder mehrere Ingenieure vergeben, so hat der jeweils nachfolgende Planer die Planungsergebnisse des/der Vorgänger(s) auf ihre uneingeschränkte Tauglichkeit im Sinne des letztendlich von ihm geschuldeten werkvertraglichen Gesamterfolgs verantwortlich zu überprüfen. Für diesen Kontrollaufwand vereinbaren die Parteien folgenden Honorarzuschlag:
☐ pauschal mit .... €
☐ 8 % des HOAI-Mindesthonorars der zu überprüfenden Vorarbeit
☐ 10 % des HOAI-Mindesthonorars der zu überprüfenden Vorarbeit
☐ .... % des HOAI-Mindesthonorars der zu überprüfenden Vorarbeit
Bei Überschreiten der Honorartafelwerte greift Ziffer 4.2.2.

7.4.6.2 Auftragsteilung innerhalb von Leistungsphasen

Durch die Beauftragung von einzelnen Arbeitsschritten aus einer Leistungsphase an Dritte ergibt sich ein zusätzlicher Koordinierungs- und Einarbeitungsaufwand. Hierfür vereinbaren die Parteien im Sinne des § 8 Abs. 2 S. 3 HOAI 2009 einen Zuschlag zum Grundhonorar wie folgt:
☐ pauschal mit .... %-Punkten nach § 53 Abs. 1 HOAI 2009
☐ pauschal mit .... €

7.4.6.3 Planungszeitverlängerung

Wird der Planungsablauf durch den AG unterbrochen oder durch einen vom AG im Rahmen der Baumaßnahme vertraglich eingebunden Dritten behindert, so steht dem AN für die daraus resultierenden Vorhaltekosten seiner Planungskapazitäten ein Kostenersatz zu. Der Kostenersatz erfolgt nach plausiblem Nachweis durch den AN und beträgt für den:
Aufragnehmer .... €/Monat
Mitarbeiter mit Hochschulabschluss: .... €/Monat
Mitarbeiter mit mittlerem Abschluss: .... €/Monat

7.4.6.4 Bauleitungszeitverlängerung

Die Bauleitungszeit wird geschätzt auf .... Monate. Wird sie bei Beibehaltung des Vertragsziels durch Umstände, die der AN nicht zu vertreten hat, um mehr als .... % überzogen, steht dem AN ein Kostensersatz für die nach benannter Karenzzeit anfallenden Monate, wie in 7.4.6.3 für Planungszeitverlängerung vereinbart, zu.

7.4.7 Umbau- und Modernisierungszuschlag

Die Parteien vereinbaren anhand individueller leistungserschwerender Einflussgrößen wie Erschwernis

- ☐ des Planungskonzepts durch bauliche Gegebenheiten
- ☐ des Bauablaufs durch bauliche Gegebenheiten
- ☐ durch Aufrechterhaltung der Nutzung des Gebäudes während der Planungszeit
- ☐ durch Aufrechterhaltung der Nutzung des Gebäudes während der Bauzeit
- ☐ durch Aufrechterhaltung der Nutzung der Technischen Anlagen während der Planungszeit
- ☐ durch Aufrechterhaltung der Nutzung der Technischen Anlagen während der Bauzeit
- ☐ durch aufwendige Einweisungsnotwendigkeit der Handwerker
- ☐ durch Restaurierungsanforderungen denkmalgeschützter Technischer Anlagen
- ☐ ....

einen Zuschlag in Höhe von

☐ 10%	☐ 30%	☐ 50%	☐ 70%	☐ .... %
☐ 20%	☐ 40%	☐ 60%	☐ 80%	

7.4.8 Instandhaltungen und Instandsetzungen

Die Parteien vereinbaren anhand individueller leistungserschwerender Einflussgrößen wie Erschwernis

- ☐ des Planungskonzepts durch bauliche Gegebenheiten
- ☐ des Bauablaufs durch bauliche Gegebenheiten
- ☐ durch Aufrechterhaltung der Nutzung des Gebäudes während der Planungszeit
- ☐ durch Aufrechterhaltung der Nutzung des Gebäudes während der Bauzeit
- ☐ durch Aufrechterhaltung der Nutzung der Technischen Anlagen während der Planungszeit
- ☐ durch Aufrechterhaltung der Nutzung der Technischen Anlagen während der Bauzeit
- ☐ durch aufwendige Einweisungsnotwendigkeit der Handwerker
- ☐ durch Restaurierungsanforderungen denkmalgeschützter Technischer Anlagen
- ☐ ....

einen Zuschlag in Höhe von

- ☐ 50 % des Objektüberwachungshonorars
- ☐ .... % des Objektüberwachungshonorars

8 Zusätzliche Vertragsvereinbarungen

8.1 Nebenkosten

- ☐ Alle Nebenkosten:
  ☐ auf Nachweis ☐ .... % des Honorars ☐ pauschal .... €
- ☐ Versand- und Datenübertragungskosten:
  ☐ auf Nachweis ☐ .... % des Honorars ☐ pauschal .... €
- ☐ Vervielfältigungen, Filme, Fotos:
  ☐ auf Nachweis ☐ .... % des Honorars ☐ pauschal .... €
- ☐ Baustellenbüro:
  ☐ auf Nachweis ☐ .... % des Honorars ☐ pauschal .... €

☐ Fahrten im Umkreis von bis zu 15 km zwischen Geschäftssitz des AN und Ziel
  ☐ .... € pro Fahrt
☐ Kosten und Entschädigungen für Reisen über 15 Entfernungskilometer zwischen Geschäftssitz des AG und Ziel
  ☐ .... €/km auf Kilometernachweis
  ☐ .... € als Tagespauschale

8.2 Zahlungen

Abschlagszahlungen gemäß § 632 a BGB können unter Nachweis des bis dahin erbrachten Leistungsstands angefordert werden. Die Zahlung hierauf erfolgt im Rahmen von 10 Werktagen nach Rechnungseingang beim AG.

Die **Schlussrechnung** kann gestellt werden bei einer

- Vollbeauftragung nach Ziffer 5.1 dieses Vertrags nach Beendigung der letzten beauftragten Stufe,
- stufenweisen Beauftragung nach Ziffer 5.2 dieses Vertrags nach jeder abgeschlossenen Stufe.

Eine **Aufrechnung** gegen den Honoraranspruch des AN ist nur mit rechtskräftig festgestellten Forderungen zulässig.

8.3 Umsatzsteuer

Die Umsatzsteuer wird zusätzlich in Rechnung gestellt und richtet sich bei der Honorarvergütung und Nebenkostenerstattung nach dem zum frühest möglichen Zeitpunkt der Schlussrechnungsstellung gültigen Steuersatz.

8.4 Haftpflichtversicherung

Der AN ist verpflichtet, eine Berufshaftpflichtversicherung nachzuweisen mit Deckungssummen für:
☐ Personenschäden in Höhe von .... €
☐ sonstige Schäden in Höhe von .... €
Die Versicherungspolice ist dem AG in Kopieform zu übergeben.

8.5 Vorzeitige Beendigung des Vertrags

Es gelten die gesetzlichen Regelungen gemäß BGB.

8.6 Urheberrecht des Ingenieurs

Der AN hat das Recht, auch nach Beendigung dieses Vertrages nach Terminabsprache mit dem Bauherrn das Gebäude zu betreten, um zu fotografieren oder sonstige Aufnahmen zu fertigen. Es gelten ansonsten die gesetzlichen Bestimmungen.

8.7 Schlussbestimmungen

☐ Sollte während des Vertragsverhältnisses eine neue Gebührenordnung in Kraft treten, so gilt für die Leistungen, die nach Inkrafttreten dieser neuen Verordnung erbracht werden, die jeweils neu geltende
  ☐ Honorartafel
  ☐ Vergütungssystematik

Änderungen dieses Vertrages können nur in Schriftform rechtsgültig vereinbart werden und dies nur dann, wenn sie der Systematik der HOAI nicht zuwiderstehen.

Sollten einzelne Bestimmungen dieses Vertrages ganz oder teilweise unwirksam sein oder werden, wird dadurch die Gültigkeit des Vertrages im Übrigen nicht berührt. Anstelle der unwirksamen Bestimmung soll diejenige Regelung gelten, deren Wirkungen der wirtschaftlichen Zielsetzung der unwirksamen Bestimmung möglichst nahe kommen. Entsprechendes gilt im Fall von ungewollten Regelungslücken.

9 Zusätzliche Vertragsvereinbarungen

Es wird zusätzlich individuell vereinbart: ....
....
....
....
....
.... Siehe Anlage 9.

10 Beurkundung durch die Vertragsparteien

....

Ort:	Datum:	Ort:	Datum:

....

Unterschrift des Auftraggebers:	Unterschrift des Auftragnehmers:

11 Schiedsvereinbarung

Bei Streitigkeiten und über Grund und/oder Höhe des Vergütungsanspruchs entscheidet unter Ausschluss des ordentlichen Rechtsweges ein Schiedsgericht.

☐ Die Parteien bestellen einvernehmlich als Einzelschiedsrichter:
Herrn/Frau ....
....
....

☐ Die Parteien bestellen für ein Zweierschiedsverfahren jeweils eine Person ihres Vertrauens als Schiedsrichter:
Herrn/Frau ....
....
....
Herrn/Frau ....
....
....
Für den Fall, dass sich die beiden bestellten Schiedsrichter nicht auf einen einvernehmlichen Schiedsspruch einigen können, werden diese hiermit befugt, eine(n) Obfrau/Obmann auf Kosten der Vertragsparteinen bestellen.

....

Ort: Datum: Ort: Datum:

....

Unterschrift des Auftraggebers: Unterschrift des Auftragnehmers:

Checklisten

Checkliste für Vorplanung

Checkliste: Nr.: .... Jour fixe am: ....
Abgleich der Beschaffenheitskriterien der Anlagen der Technischen Ausrüstung
Stufe 1 (Vorplanung)

☐ Abwasser-, Wasser-, Gasanlagen ☐ Wärmeversorgungsanlagen ☐ Lufttechnische Anlagen ☐ Starkstromanlagen	☐ Fernmelde-/informationstechn. Anl. ☐ Förderanlagen ☐ Nutzungsspezifische Anlagen ☐ Gebäudeautomation

1 Sind die unter 3.2 als notwendig vorgegebenen Funktionen der jeweiligen Anlagen planerisch berücksichtigt?
☐ ja! ☐ nein! Begründung: ....
Abhilfe durch: ....
....

2 Ist die unter 3.2 gewünschte Ausstattung der jeweiligen Anlagen planerisch berücksichtigt?
☐ ja! ☐ nein! Begründung: ....
Abhilfe durch: ....
....

3 Sind die unter 3.2 vorgegebenen Kapazitäten der jeweiligen Anlagen planerisch berücksichtigt?
☐ ja! ☐ nein! Begründung: ....
Abhilfe durch: ....
....

4 Sind die unter 3.2 als bevorzugt beschriebenen Materialien der jeweiligen Anlagen planerisch berücksichtigt?
☐ ja! ☐ nein! Begründung: ....
Abhilfe durch: ....
....

5 Ist der unter 3.2 vorgegebene Kostenrahmen in Bezug auf die jeweiligen Anlagen realistisch?
☐ ja! ☐ nein! Begründung: ....
Abhilfe durch: ....
....

6 Ist der unter 3.2 vorgegebene Zeitrahmen bei störungsfreiem Planungs- und Bauverlauf bei den jeweiligen Anlagen einhaltbar?
☐ ja! ☐ nein! Begründung: ....
Abhilfe durch: ....
....

7 Sind die unter 3.2 aufgeführten weiteren Vorgaben in Bezug auf die jeweiligen Anlagen berücksichtigt?
☐ ja! ☐ nein! Begründung: ....
Abhilfe durch: ....
....

8	Ist die Anbindung der Systeme der Technischen Ausrüstung an die öffentlichen Ver- und/oder Entsorgungssysteme möglich? ☐ ja! ☐ nein! Begründung: .... Abhilfe durch: ....
9	Sind die bisher geplanten Anlagensysteme in Bezug auf das Gesamtkonzept des Gebäudes/Ingenieurbauwerks auf ihre Wirtschaftlichkeit hin überprüft? ☐ ja! ☐ nein! Begründung: .... Abhilfe durch: ....
10	Ist das Planungskonzept mit allen beteiligten Planern dem Planungsstand entsprechend abgestimmt? ☐ ja! ☐ nein! Begründung: .... Abhilfe durch: ....
11	Sind die gesetzlichen Rahmenbedingungen in Bezug auf die Genehmigungsfähigkeit der Anlagen generell erfüllbar? ☐ ja! ☐ nein! Begründung: .... Abhilfe durch: ....
12	Sind die Vorgaben und/oder Einwände der Träger öffentlicher Belange im Hinblick auf die Genehmigungsfähigkeit berücksichtigt worden? ☐ ja! ☐ nein! Begründung: .... Abhilfe durch: ....
13	Sind etwaige Abbruch- und Abrissmaßnahmen berücksichtigt? ☐ ja! ☐ nein! Begründung: .... Veränderungen: ....
14	Ist ggf. ein Arbeiten bei Aufrechterhaltung der betrieblichen Gebäudenutzung möglich? ☐ ja! ☐ nein! Begründung: .... Abhilfe durch: ....
15	Muss eine gebäudebetriebliche und/oder personelle Umsetzung erfolgen? ☐ ja! ☐ nein! Begründung: .... Abhilfe durch: ....
16	Muss eine technische Interimslösung geschaffen werden? ☐ ja! ☐ nein! Begründung: .... Abhilfe durch: ....

17 Sind weitere Gesichtspunkte noch zu klären?
☐ ja! ☐ nein! Begründung: ....
Abhilfe durch: ....
....
....
....
....
....

18 Ist es sinnvoll, die unter Ziffer 3.2 des Vertrags festgelegten Zielvorgaben nach derzeitigem Erkenntnisstand am Ende der Vorentwurfsphase zu modifizieren oder zu ergänzen?
☐ ja! ☐ nein! Begründung: ....
Abhilfe durch: ....
....

19 Wurden die Zielvorgaben entsprechend Ziffer 3.3 des Vertrags abschließend festgelegt und ist das Etappenziel der Stufe 1 erreicht?
☐ ja! ☐ nein! Begründung: ....
Abhilfe durch: ....
....

....

Ort: Datum: Ort: Datum:

....

Unterschrift des Auftraggebers: Unterschrift des Auftragnehmers:

Checkliste
für Entwurfsplanung

Checkliste: Nr.: .... Jour fixe am: ....
Abgleich der Beschaffenheitskriterien der Anlagen der Technischen Ausrüstung Stufe 2 (Entwurfsplanung)

☐ Abwasser-, Wasser-, Gasanlagen ☐ Wärmeversorgungsanlagen ☐ Lufttechnische Anlagen ☐ Starkstromanlagen	☐ Fernmelde-/informationstechn. Anl. ☐ Förderanlagen ☐ Nutzungsspezifische Anlagen ☐ Gebäudeautomation

1 Erfüllen die bisherigen Planungsergebnisse exakt die unter 3.2 / 3.3 als notwendig vorgegebenen und im Rahmen der Stufe 1 (Vorplanung) ggf. spezifizierten Funktionsanforderungen der jeweiligen Anlagen?
☐ ja! ☐ nein! Begründung: ....
Abhilfe durch: ....
....

2 Haben die unter 3.2 / 3.3 gewünschten und im Rahmen der Stufe 1 (Vor-planung) ggf. spezifizierten Vorstellungen in Bezug auf die Ausstattung der jeweiligen Anlagen in die bisherige Planung Eingang gefunden?
☐ ja! ☐ nein! Begründung: ....
Abhilfe durch: ....
....

3 Erfüllen die bisherigen Planungsergebnisse exakt die unter 3.2 / 3.3 vorgegebenen und im Rahmen der Stufe 1 (Vorplanung) ggf. spezifizierten Kapazitätsanforderungen der jeweiligen Anlagen?
☐ ja! ☐ nein! Begründung: ....
Abhilfe durch: ....
....

4 Sind die unter 3.2 / 3.3 als bevorzugt beschriebenen und im Rahmen der Stufe 1 (Vorentwurfslanung) ggf. spezifizierten Material- und Qualitätsvorstellungen der jeweiligen Anlagen planerisch vollkommen berücksichtigt worden?
☐ ja! ☐ nein! Begründung: ....
Abhilfe durch: ....
....

5 Erfüllen die bisherigen Planungsergebnisse unter Einbeziehung der Änderungswünsche des AG exakt die unter 3.2 / 3.3 vorgegebenen und im Rahmen der Stufe 1 (Vorplanung) ggf. korrigierten Kostenvorstellungen in Bezug auf die jeweiligen Anlagen?
☐ ja! ☐ nein! Begründung: ....
Abhilfe durch: ....
....

6 Ist der unter 3.2 / 3.3 vorgegebene und der in Stufe 1 (Vorplanung) ggf. korrigierte Zeitrahmen bei störungsfreiem Planungs- und Bauverlauf bei den jeweiligen Anlagen aus der Sicht des derzeitigen Planungsstandes einhaltbar?
☐ ja! ☐ nein! Begründung: ....
Abhilfe durch: ....
....

7	Sind die unter 3.2 / 3.3 und im Rahmen der Stufe 1 (Vorplanung) ggf. korrigierten weiteren Vorgaben in Bezug auf die jeweiligen Anlagen voll berücksichtigt? ☐ ja! ☐ nein! Begründung: .... Abhilfe durch: ....
8	Ist die Anbindung der Systeme der Technischen Ausrüstung an die öffentlichen Ver- und/oder Entsorgungssysteme gewährleistet? ☐ ja! ☐ nein! Begründung: .... Abhilfe durch: ....
9	Bestätigen die bisherigen Planungsergebnisse die Wirtschaftlichkeit der bisher geplanten Anlagensysteme? ☐ ja! ☐ nein! Begründung: .... Abhilfe durch: ....
10	Ist das Planungskonzept mit allen beteiligten Planern exakt abgestimmt? ☐ ja! ☐ nein! Begründung: .... Abhilfe durch: ....
11	Sind die gesetzlichen Rahmenbedingungen in Bezug auf die Genehmigungsfähigkeit der Anlagen erfüllt? ☐ ja! ☐ nein! Begründung: .... Abhilfe durch: ....
12	Sind die Vorgaben und/oder Einwände der Träger öffentlicher Belange im Hinblick auf die Genehmigungsfähigkeit vollkommen berücksichtigt worden? ☐ ja! ☐ nein! Begründung: .... Abhilfe durch: ....
13	Sind Abbruch- und Abrissmaßnahmen bauteil- und/oder anlagenbezogen zeit- und kostenmäßig exakt erfasst? ☐ ja! ☐ nein! Begründung: .... Abhilfe durch: ....
14	Sind Planungs- und Bauablauf derart abgestimmt, dass ein Arbeiten bei Aufrechterhaltung der betrieblichen Gebäudenutzung möglich ist? ☐ ja! ☐ nein! Begründung: .... Abhilfe durch: ....
15	Ist eine gebäudebetriebliche und/oder personelle Umsetzung zeit-, kosten- und organisationsmäßig durchgeplant? ☐ ja! ☐ nein! Begründung: .... Abhilfe durch: ....

16	Sind technische/bauliche Interimslösungen zeit- und kostenmäßig exakt erfasst und geplant? ☐ ja! ☐ nein! Begründung: .... Abhilfe durch: ....
17	Sind alle im Laufe der Planung vom AG gewünschten Änderungswünsche dokumentiert und in die Pläne und die Kostenberechnung eingearbeitet worden? ☐ ja! ☐ nein! Begründung: .... Abhilfe durch: ....
18	Sind weitere Gesichtspunkte noch zu klären? ☐ ja! ☐ nein! Begründung: .... Abhilfe durch: ....
19	Ist das Etappenziel der Stufe 2 erreicht? ☐ ja! ☐ nein! Begründung: .... Abhilfe durch: ....

....

Ort: Datum: Ort: Datum:

....

Unterschrift des Auftraggebers: Unterschrift des Auftragnehmers:

Checkliste für Realisierungsplanung

Checkliste: Nr.: ....   Jour fixe am: ....
Abgleich der Beschaffenheitskriterien der Anlagen der Technischen Ausrüstung
Stufe 3 (Realisierungsplanung)

☐ Abwasser-, Wasser-, Gasanlagen ☐ Wärmeversorgungsanlagen ☐ Lufttechnische Anlagen ☐ Starkstromanlagen	☐ Fernmelde-/informationstechn. Anl. ☐ Förderanlagen ☐ Nutzungsspezifische Anlagen ☐ Gebäudeautomation

1 Sind die zeichnerischen Planungsunterlagen in ihrer Darstellung derart, dass sie von den anbietenden Firmen zwecks Kalkulation und Angebotsabgabe sicher nachvollzogen werden können?
☐ ja! ☐ nein! Begründung: ....
Abhilfe durch: ....
....
....
....

2 Sind die Ausschreibungsunterlagen in ihrer Beschreibung der Ausführungsarten, Materialvorgaben, Qualitätsvorgaben, Fabrikatsvorgaben und Mengen derart, dass sie von den Firmen zwecks Kalkulation und Angebotsabgabe sicher nachvollzogen werden können?
☐ ja! ☐ nein! Begründung: ....
Abhilfe durch: ....
....
....
....

3 Sind Kostenangebote ausführungsbereiter Unternehmer in ausreichender Zahl eingeholt worden?
☐ ja! ☐ nein! Begründung: ....
Abhilfe durch: ....
....
....
....

4 Sind die Angebote in einem Preisspiegel derart aufbereitet, dass danach ein dezidierter Kostenvergleich der einzelnen Anbieter nach Einzelpreisen möglich ist?
☐ ja! ☐ nein! Begründung: ....
Abhilfe durch: ....
....
....
....

5 Sind die Verdingungsunterlagen derart eindeutig, dass ein reibungsloser Bauablauf damit im Prinzip gewährleistet ist?
☐ ja! ☐ nein! Begründung: ....
Abhilfe durch: ....
....
....
....

6 Sind die Verdingungsunterlagen derart, dass die Einheitspreise bis zur Abrechnung (auch für die des Generalunternehmers) erkennbar bleiben? ☐ ja! ☐ nein! Begründung: .... Abhilfe durch: ....
7 Ist der Kostenanschlag um alle später eingegangenen Nachträge aktualisiert? ☐ ja! ☐ nein! Begründung: .... Abhilfe durch: ....
8 Sind weitere Gesichtspunkte noch zu klären? ☐ ja! ☐ nein! Begründung: .... Abhilfe durch: ....
9 Gilt das Etappenziel der Stufe 3 als erreicht? ☐ ja! ☐ nein! Begründung: .... Abhilfe durch: ....

....

Ort: Datum: Ort: Datum:

....

Unterschrift des Auftraggebers: Unterschrift des Auftragnehmers:

Checkliste
für Objektüberwachung

Checkliste: Nr.: .... Jour fixe am: ....
Abgleich der Beschaffenheitskriterien der Anlagen der Technischen Ausrüstung
Stufe 4 (Objektüberwachung)

☐ Abwasser-, Wasser-, Gasanlagen	☐ Fernmelde-/informationstechn. Anl.
☐ Wärmeversorgungsanlagen	☐ Förderanlagen
☐ Lufttechnische Anlagen	☐ Nutzungsspezifische Anlagen
☐ Starkstromanlagen	☐ Gebäudeautomation

1 Sind die Aufmaße der Werkleistungen aller am Bau beteiligten Firmen erstellt?
☐ ja! ☐ nein! Begründung: ....
Abhilfe durch: ....
....
....
....

2 Sind die derzeit erkennbaren Mängel aller Gewerke aufgelistet?
☐ ja! ☐ nein! Begründung: ....
Abhilfe durch: ....
....
....
....

3 Sind die Nachbesserungsarbeiten zur Behebung bestehender Mängel veranlasst?
☐ ja! ☐ nein! Begründung: ....
Abhilfe durch: ....
....
....
....

4 Sind die Nachbesserungsarbeiten abgeschlossen?
☐ ja! ☐ nein! Begründung: ....
Abhilfe durch: ....
....
....
....

5 Sind die Rechnungen aller am Planungs- und Baugeschehen beteiligten Planer und Firmen geprüft?
☐ ja! ☐ nein! Begründung: ....
Abhilfe durch: ....
....
....
....

6 Ist die technische Abnahme der Werkleistungen aller Gewerke erfolgt?
☐ ja! ☐ nein! Begründung: ....
Abhilfe durch: ....
....
....
....

<table>
<tr><td>7</td><td>Sind die Gewährleistungsfristen aller am Bau beteiligten Firmen erstellt?
☐ ja! ☐ nein! Begründung: ....
Abhilfe durch: ....
....
....
....</td></tr>
<tr><td>8</td><td>Sind die Kosten aller am Planungs- und Bauprozess Beteiligten erfasst?
☐ ja! ☐ nein! Begründung: ....
Abhilfe durch: ....
....
....
....</td></tr>
<tr><td>9</td><td>Sind weitere Gesichtspunkte noch zu klären?
☐ ja! ☐ nein! Begründung: ....
Abhilfe durch: ....
....
....
....
....
....
....
....
....
....
....</td></tr>
<tr><td>10</td><td>Ist das Etappenziel der Stufe 4 erreicht?
☐ ja! ☐ nein! Begründung: ....
Abhilfe durch: ....
....
....</td></tr>
</table>

....

Ort: Datum: Ort: Datum:

....

Unterschrift des Auftraggebers: Unterschrift des Auftragnehmers:

Checkliste
für Objektbetreuung
und Dokumentation

Checkliste: Nr.: ....   Jour fixe am: ....
Abgleich der Beschaffenheitskriterien der Anlagen der Technischen Ausrüstung
Stufe 4 (Objektbetreuung und Dokumentation)

☐ Abwasser-, Wasser-, Gasanlagen	☐ Fernmelde-/informationstechn. Anl.
☐ Wärmeversorgungsanlagen	☐ Förderanlagen
☐ Lufttechnische Anlagen	☐ Nutzungsspezifische Anlagen
☐ Starkstromanlagen	☐ Gebäudeautomation

1 Haben Objektbegehungen in Hinblick auf Mängelfeststellung an den einzelnen Anlagen vor Ablauf der jeweiligen Verjährungsfristen stattgefunden?
☐ ja! ☐ nein! Begründung: ....
Abhilfe durch: ....
....
....
....

2 Sind die derzeit erkennbaren Mängel aller Gewerke aufgelistet?
☐ ja! ☐ nein! Begründung: ....
Abhilfe durch: ....
....
....
....

3 Ist das Nachbessern zur Behebung bestehender Mängel veranlasst?
☐ ja! ☐ nein! Begründung: ....
Abhilfe durch: ....
....
....
....

4 Sind die nachgebesserten Bauteile technisch abgenommen?
☐ ja! ☐ nein! Begründung: ....
Abhilfe durch: ....
....
....
....

5 Sind die vorliegenden Sicherheiten freigegeben?
☐ ja! ☐ nein! Begründung: ....
Abhilfe durch: ....
....
....
....

6 Sind die für den AG wichtigsten Pläne, Berechnungen und die Korrespondenz mit Planern und Firmen dem AG übergeben?
☐ ja! ☐ nein! Begründung: ....
Abhilfe durch: ....
....
....
....

7 Sind weitere Gesichtspunkte noch zu klären? ☐ ja! ☐ nein! Begründung: .... Abhilfe durch: ....
8 Ist das Etappenziel der Stufe 5 erreicht? ☐ ja! ☐ nein! Begründung: .... Abhilfe durch: ....

....

Ort: Datum: Ort: Datum:

....

Unterschrift des Auftraggebers: Unterschrift des Auftragnehmers:

Anmerkungen zum Vertragsmuster

Anmerkungen zum Vertragsmuster

zu Ziffer 1: Vertragspartner

Die Vertragsparteien des Werkvertrags sind der Besteller und der Unternehmer. Sie werden im allgemeinen Sprachgebrauch meist als Auftraggeber und Auftragnehmer bezeichnet.

Für den Auftragnehmer ist es wichtig, **wer ihm gegenüber als Auftraggeber auftritt**, ob es sich dabei beispielsweise um
- eine oder mehrere natürliche Person(en) oder
- einen Zusammenschluss mehrerer Personen handelt, welcher
  - rechtsfähig,
  - teilrechtsfähig oder
  - nicht rechtsfähig

  sein kann.

Des Weiteren sollte sich der Auftragnehmer bei Vertragsschluss darüber im Klaren sein,
- ob der Auftraggeber den Auftrag selbst vergibt oder
- sich dabei von Dritten vertreten lässt.

Da im Fall eines Rechtsstreits der Auftragnehmer wissen und nachweisen können muss,
- wer ihn beauftragt hat und
- wem gegenüber er seine Honorarforderung geltend machen kann/muss

ist eine eindeutige Festlegung des Auftraggebers schon im Vertrag für ihn von fundamentaler Bedeutung.

5.

Bei einer Auftragserteilung durch **eine natürliche Person** stellt sich die Vertragssituation vergleichsweise einfach und eindeutig dar. Sind deren Personalien, also
- Name,
- Vorname und
- Anschrift

im Vertrag niedergeschrieben, steht in der Regel der Vertragspartner unmissverständlich fest.

Anders kann es bereits dann aussehen, wenn ein Auftrag durch **mehrere Personen**, beispielsweise durch ein Ehepaar, vergeben wird. Beabsichtigt ein Ehepaar beispielsweise ein Einfamilienwohnhaus planen zu lassen, so sollten aus Sicht des Auftragnehmers beide Ehepartner als Auftraggeber in den Vertrag aufgenommen werden. Andernfalls kann der nicht im Vertrag erwähnte und somit nicht aus dem Vertrag verpflichtete Ehepartner bei einem späteren Honorarprozess möglicherweise als Zeuge auftreten und „bezeugen", dass der Auftragnehmer beispielsweise versprochen habe, die gesamte Vorplanung kostenlos und unverbindlich zu erbringen.

Auch bei einer Auftragserteilung durch **Gesellschaften** sollte der Auftragnehmer genau darauf achten, wer sein Vertragspartner wird. Daher ist es auch hier sinnvoll und geboten, beim Vertragsschluss genau darauf zu achten, dass neben Namen und Anschriften von Gesellschaft und/oder Gesellschaftern auch die gesellschaftsinternen Verhältnisse sowie die Vertretungs- und damit die Unterschriftsbefugnisse in den Vertrag mit aufgenommen werden. Nur dadurch wird klar, ob
- ausschließlich die Gesellschaft,
- ausschließlich
  - ein einzelner Gesellschafter oder
  - mehrere Gesellschafter oder aber
- die Gesellschaft und deren Gesellschafter

Vertragspartner und damit wirksam aus dem Vertrag berechtigt und verpflichtet werden. Im Zweifelsfall kann auch eine Auskunft beim Handelsregister zusätzliche Klarheit dahingehend schaffen, ob beispielsweise die betreffende Gesellschaft noch besteht und wer zu ihrer Vertretung berechtigt ist.

Für den Fall, dass ein Planungsauftrag durch eine **Stadt bzw. Gemeinde** erteilt wird, sind weitere Besonderheiten zu beachten. So gelten bei Gemeinden besondere Vorschriften, welche zur Folge haben, dass Verträge mit Gemeinden erst mit deren schriftlicher Unterzeichnung wirksam zustande kommen. Die übliche Konstellation der mündlichen Beauftragung von Architektenleistungen kann es bei Gemeinden auf Auftraggeberseite daher nicht geben, weshalb der Planer ohne schriftlichen Vertrag keinen vertraglichen Vergütungsanspruch gegenüber der Gemeinde hat. Derartige Regelungen gibt es in den Gemeindeordnungen der verschiedenen Bundesländer, beispielhaft seien genannt:

> **Zitat aus der Gemeindeordnung Baden-Württemberg:**
> § 54 Verpflichtungserklärungen
> (1) Erklärungen, durch welche die Gemeinde verpflichtet werden soll, bedürfen der Schriftform oder müssen in elektronischer Form mit einer dauerhaft überprüfbaren Signatur versehen sein. Sie sind vom Bürgermeister handschriftlich zu unterzeichen. [...]

> **Zitat aus der Gemeindeordnung Nordrhein-Westfalen:**
> § 64 Abgabe von Erklärungen
> (1) Erklärungen, durch welche die Gemeinde verpflichtet werden soll, bedürfen der Schriftform. Sie sind vom Bürgermeister oder dem allgemeinen Vertreter und einem vertretungsberechtigten Bediensteten zu unterzeichnen, soweit dieses Gesetz nicht etwas anderes bestimmt. [...]

Ähnliche Besonderheiten können sich auch aufgrund von **kirchenrechtlichen (Sonder-) Regelungen** ergeben.

Wird der Auftraggeber beim Abschluss des Vertrags **durch einen Dritten vertreten**, so sollte der Auftragnehmer darauf drängen, dass ihm dessen Vollmacht nachgewiesen wird. So kann vermieden werden, dass der Vertrag von einem nicht vertretungsbefugten Dritten unterschrieben wird.

Auch aus Sicht des Auftraggebers ist auf die eindeutige Festlegung des Vertragspartners zu achten, damit klar ist, **wer als Auftragnehmer auftritt.** Auch hier kann die Frage auftreten, ob der Auftragnehmer als natürliche Person auftritt oder in einer anderen Rechtsform organisiert ist. Häufig steht auf Auftragnehmerseite beispielsweise ein(e)

- Freier Architekt / Freie Architektin,
- Architektengemeinschaft,
- Architekten- und Ingenieurgemeinschaft,
- Arbeitsgemeinschaft,
- Architekten- / Ingenieurgesellschaft mit beschränkter Haftung,
- Architektenpartnerschaftsgesellschaft,
- Generalplaner,
- etc.

Hierauf im Detail einzugehen, würde den Rahmen dieses Handbuchs jedoch sprengen. Wichtig ist auch hier, den Vertragspartner so genau wie möglich im Vertrag zu benennen.

zu Ziffer 2: Vertragsgegenstand

zu Ziffer 2.1: Beschreibung der mit Technik auszurüstenden Objekte

Hier ist in Kurzform festzuhalten,

- in welchem Ort
- in welcher Straße,
- auf welchem Grundstück,
- u.U. auf welchem Flurstück,
- welches Gebäude oder Bauwerk

mit welchen technischen Anlagen technisch ausgerüstet werden soll.

zu Ziffer 2.2: Beauftragung der Planungsleistungen für folgende Anlagengruppen

Durch Ankreuzen soll kenntlich gemacht werden, für welche Planungsdisziplinen der technischen Ausrüstung eine Beauftragung erfolgen soll.

zu Ziffer 3: Vertragsziel

zu Ziffer 3.1: Zustandsbeschreibung des Anlagenbestands

Bei Umbau-, Modernisierungs-, Instandsetzungs- und Instandhaltungsmaßnahmen sollten dem Erkenntnisstand zum Zeitpunkt der Auftragserteilung entsprechend die bestehenden Anlagen (jeweils getrennt) genau beschrieben werden. Festgehalten werden sollen
- die bisherige Nutzung,
- die gewünschte Nutzungsänderung,
- der derzeitige Erhaltungszustand sowie
- die Notwendigkeit, die Anlagen oder Teile davon wieder zu verwenden.

zu Ziffer 3.2: Richtungsweisende Zielvorgaben des Auftraggebers bei Auftragserteilung (Beschaffenheitskriterien)

Es gehört zu den Aufgaben des Ingenieurs, die unter Ziffer 3.2 formulierten **Zielvorgaben** des Auftraggebers im Verlauf der Vorplanung bei zunehmendem Einblick in die Realisierbarkeit zu präzisieren, zu ergänzen und **gemeinsam** mit dem Auftraggeber und dessen Architekten **fortzuschreiben**. Am Ende der Vorplanung, die man aufgrund dessen als **Zielfindungsphase** bezeichnen sollte, hat das Vertragsziel eindeutig festzustehen, auf das der Ingenieur seine Planung auszurichten hat. Die in der Zielfindungsphase definierten Vorgaben bilden den Maßstab dessen, was der Auftraggeber letztendlich als fertiges **Werk** erwartet. Hieran wird bei der **Abnahme des Ingenieurwerks** die Übereinstimmung des vom Auftragnehmer erstellten Werks mit der vereinbarten, vom Auftraggeber erwarteten Beschaffenheit und damit letztlich der werkvertraglich **geschuldete Erfolg** des **Ingenieurs** gemessen.

5.

zu Ziffer 3.2.1: Zielvorgaben aus der Objektplanung

Da die Fachplanung für Anlagen der Technischen Ausrüstung eine in Bezug auf die Objektplanung ergänzende und komplettierende Planungsdisziplin darstellt, ist es sinnvoll, dem Fachplaner die für die technischen Anlagen durch den Auftraggeber im Objektplanervertrag vorgegebenen Rahmenbedingungen zur Kenntnis zu geben. Das garantiert, dass der Fachplaner sich von vornherein auf das Umfeld einstellen kann, in das er seine Planung und letztendlich die von ihm zu planenden Anlagen einbringen muss, damit dem Auftraggeber ein der Gesamtaufgabenstellung entsprechendes wirtschaftliches und voll funktionierendes Gebäude und/oder Bauwerk übergeben werden kann.

zu Ziffer 3.2.2: Zielvorgaben für die technischen Anlagen

Um die Beschaffenheitsanforderungen an die Technischen Anlagen und den damit vom Auftragnehmer werkvertraglich geschuldeten Erfolg eindeutig festzulegen, ist es sinnvoll, dass der Auftragnehmer seinen Auftraggeber fachlich führt und ihm schon bei der Vertragsgestaltung Formulierungshilfen für folgende Planungsparameter anbietet:
- Funktionsprogramm,
- Ausstattungsprogramm,
- Materialvorstellungen,
- Kostenvorstellungen,
- Terminzwänge,

- weitere Vorgaben aus
  - rechtlichen und
  - bewirtschaftungsrelevanten Randbedingungen.

Die über den Objektplanervertrag grob formulierte Zielvorstellung des Auftraggebers in Bezug auf das von ihm bestellte Gebäude bzw. Bauwerk muss bezüglich aller Anforderungen an die jeweiligen Technischen Anlagen dem derzeitigen Kenntnisstand entsprechend so gut wie möglich konkretisiert werden.

zu Ziffer 3.2.2: Funktionsprogramm

Bei Planungsaufgaben jeder Art, besonders aber bei komplexeren Planungsaufgaben wie Ver- und Entsorgungsanlagen von Krankenhäusern oder Laborgebäuden, also bei Bauaufgaben, die eine vielschichtige Ver- und Entsorgung mit verschiedenartigen Anlagen und unter Umständen mehreren autarken Anlagen derselben Anlagenart erfordern, sind im Rahmen der individuellen Aufgabenstellung entsprechende Vorgaben zu machen, beispielsweise

- welchen Funktionen die Anlagen gerecht werden müssen,
- welche Kapazitäten erreicht werden müssen,
- wie die einzelnen Anlagen bzw. Anlagenarten innerhalb der Gebäude oder Bauwerke angeordnet, aufeinander abgestimmt und miteinander verknüpft werden müssen und/oder
- welche Zusammenhänge und Zuordnungen der Anlagen zu den Nutzungs- oder Funktionseinheiten innerhalb der Gebäude oder Bauwerke sichergestellt werden müssen.

Diese Vorgaben können sich beispielsweise aus

- der Organisationsstruktur,
- dem Produktionsablauf,
- den Anforderungen aus den verschiedenen Nutzungen,
- etc.

ergeben.

zu Ziffer 3.2.2: Ausstattungsprogramm

Hier ist auf der Grundlage der bisherigen Wunschvorstellungen des Auftraggebers genau festzuhalten, ob die technischen Anlagen beispielsweise

- manuell, teilautomatisch oder vollautomatisch geregelt und gesteuert werden sollen, d. h. ob die Ausstattung der Anlagen mit Instrumenten der Mess-, Regel- und Steuertechnik (MSR) erforderlich ist,
- zentral oder dezentral überwacht, geregelt und gesteuert werden sollen,
- einzelne Nutzungseinheiten eine separate Ver- und Entsorgung erhalten,
- etc.

zu Ziffer 3.2.2: Materialvorstellungen

Manche Auftraggeber haben bestimmte Materialvorstellungen, die sie möglichst berücksichtigt haben wollen. Diese sollten im Vertrag aufgezeigt werden, damit spätere Umplanungen vermieden werden können.

zu Ziffer 3.2.2: Kostenvorgaben

Der Kostenrahmen einer Baumaßnahme ist einer der wichtigsten Eckpunkte im Rahmen der Beschaffenheitskriterien im Sinne des § 633 Abs. 2 S. 1 BGB, wird aber bei der Vertragsgestaltung nur selten beachtet. Dies hat oftmals weitreichende Folgen. Der Auftraggeber sollte seinen Kostenrahmen klar benennen. Auch sollte er seine Kostenvorstellungen nicht nur als Summe, sondern, sofern möglich, nach Anlagen oder Kostengruppen aufgeschlüsselt darstellen. Selbst wenn der in der Planung möglicherweise schon weiter fortgeschrittene Architekt bereits eine Kostenermittlung für die technischen Anlagen erarbeitet hat, sollte der Auftragnehmer diese als Fachmann im Zweifelsfall hinterfragen.

Werden seitens des Auftraggebers bei Vertragsbeginn **keine Kostenvorgaben** gemacht, so sollten die Kosten in Abhängigkeit von Funktionsprogramm und Materialwahl spätestens nach dem ersten Vorentwurfsansatz vom Auftragnehmer erarbeitet, dem Auftraggeber mitgeteilt und mit dessen Vorstellungen von

- Funktion und Ausstattung der Anlagen und
- Qualität der Materialien

abgestimmt werden. Auf der Grundlage dieser genaueren und fachkundig hinterfragten Kostenansätze ist dann der optimale Finanzierungsrahmen vom Auftraggeber festzulegen.

Zeigt es sich im Lauf der Planung, dass diese Vorgaben nicht einhaltbar sind, hat der Fachplaner dem Auftraggeber umgehend Mitteilung zu machen, damit der neuen Situation beispielsweise entweder durch

- Anpassung der Planung an die vorgegebenen Kosten, etwa durch
  - Vereinfachung des Funktionsprogramms oder
  - Reduzierung der Materialqualitäten

  oder durch
- Anpassung der Kosten an die bisherige Planung durch **Aufstockung des Budgets**

Rechnung getragen wird.

Die Entscheidung darüber, durch welche Maßnahmen die Vorstellungen über die Kosten mit denjenigen über das Bauvorhaben selbst in Einklang gebracht werden sollen, sollte im Interesse beider Vertragsparteien sorgfältig dokumentiert werden. Nur wenn im Vertrag wie auch im Verlauf der weiteren Planung klare Absprachen hinsichtlich der Kosten getroffen werden, lassen sich spätere Diskussionen darüber vermeiden.

zu Ziffer 3.2.2: Termine

Eine Leistung ist das verwertbare Ergebnis aus Arbeit in der Zeiteinheit. Ist das Werk nicht in einer angemessenen Zeit fertig, kann der werkvertragliche Erfolg unter Umständen angezweifelt werden. Sollten Termine für den Auftraggeber wichtig sein, so sind diese hier aufzunehmen.

zu Ziffer 3.2.2: Weitere Vorgaben des Auftraggebers

Bei manchen Bauvorhaben bestehen schon vor Vertragsabschluß Erkenntnisse aus Voruntersuchungen oder Vorplanungen anderer Planer, beispielsweise eine Vorplanung des Architekten oder ein Gutachten über die gebäudetechnischen Sonderanforderungen. Diese sind gegebenenfalls in den Vertrag einzubringen.

Auf Grund der neuesten Rechtsprechung aus dem Jahr 2004 ist es von absoluter Wichtigkeit, in den Vertrag diejenigen Vorstellungen des Auftraggebers einzubinden, die dieser als sogenannte **Teilerfolge** im Rahmen der Beauftragung ansieht.[6] Im Vertrag ist festzuhalten, was der Auftraggeber in welcher Form ausdrücklich übergeben haben will, so beispielsweise Unterlagen, die

- zur **Kontrolle der Leistungserfüllung** aller am Planungs- und Baugeschehen Beteiligten dienlich sind,
- die **Vergütungsverpflichtung** des Auftraggebers den ausführenden Firmen gegenüber eindeutig darlegen,
- die **Gewährleistungsfristen** aller Baufirmen erkennen lassen,
- die **Bewirtschaftung** des Gebäudes und die **Wartung** der technischen Anlagen sicherstellen,
- eine spätere **Umbaumaßnahme** sinnvoll unterstützen können, z.B. Planungsunterlagen auf Datenträgern in einem ganz bestimmten Format.

6 BGH, Urteil vom 24.06.2004 – VII ZR 259/02, BauR 2004, 1640. Vgl. auch BGH, Urteil vom 11.11.2004 – VII ZR 128/03, BauR 2005, 400.

zu Ziffer 3.3: Konkrete Zielvorgaben am Ende der Vorplanung (Beschaffenheitskriterien)

Normalerweise gibt der Auftraggeber im Rahmen eines Werkvertrags seinem Objektplaner die Beschaffenheitsmerkmale des Werkes, das er bestellt, vor.

Da ein Bauherr jedoch in der Regel Laie auf dem Gebiet des Bauens ist, ist es ihm kaum möglich, diese Beschaffenheitsmerkmale des Gebäudes und der technischen Anlagen schon bei Erteilung des Auftrags an den Fachingenieur so präzise zu formulieren, dass hiermit das Werk als endgültig beschrieben bezeichnet werden kann. Erst durch die im Laufe der Vorplanung vom Objektplaner und dem Fachplaner gewonnenen Erkenntnisse können die Beschaffenheitsmerkmale der Anlagen derart konkretisiert werden, dass danach das werkvertraglich zu erreichende Ziel endgültig festgelegt werden kann.

Im Sinne der (Rechts-)Klarheit ist den Parteien dringend anzuraten, die am Ende der Vorplanung konkretisierten Zielvorgaben sorgfältig zu dokumentieren und diese als (endgültige) Beschaffenheitsmerkmale festzuschreiben.

zu Ziffer 3.4: Änderung des Vertragsziels

Die endgültige Festlegung der Beschaffenheitskriterien des Werkes ist in Bezug auf die Honorarfrage fundamental wichtig.

Bis zur Fixierung des Vertragsziels muss der Ingenieur Alternativen nach gleichen Voraussetzungen im Rahmen seines (Grund-)Honorars der Leistungsphasen 1 und 2 erbringen.

Ändert der Auftraggeber nach diesem Zeitpunkt seine Zielvorstellungen, so sind die dadurch anfallenden Tätigkeiten des Ingenieurs von der Honorarsystematik der HOAI laut § 3 Abs. 2 HOAI nicht erfasst und damit nicht vom (Grund-)Honorar abgedeckt. Das Honorar muss dann neu verhandelt werden.

zu Ziffer 4: Vertragsgrundlagen

Es ist nach Ansicht der Autoren für beide Parteien sinnvoll, **keine** Sondervereinbarungen zu treffen. Das deutsche Recht ist ausgewogen und garantiert ohne zusätzliche Vereinbarungen eine gerechte **Gleichbehandlung** der Vertragsparteien. Es ist aber beiden Parteien unbenommen, Sonderformulierungen einzubringen, die, wenn sie individuell vereinbart werden, in der Regel Rechtskraft erlangen.

zu Ziffer 4.1: Bürgerliches Gesetzbuch (BGB)

Die für ein Werkvertragsverhältnis maßgebenden Normen befinden sich vorrangig in den §§ 631 ff. BGB.

zu Ziffer 4.2: Honorarordnung für Architekten und Ingenieure (HOAI 2009)

Die HOAI 2009 ist seit dem 18.08.2009 in Kraft und ist zwingend anzuwenden und kann nicht abbedungen werden, wenn

- der in § 1 HOAI 2009 definierte **Anwendungsbereich** eröffnet ist,
- das Vertragsverhältnis Leistungen aus den in den Teilen 2 bis 4 der HOAI 2009 aufgeführten **Leistungsbildern** enthält und
- die **Grenzen** der **Honorartafelwerte** der jeweiligen Leistungsbilder nicht überschritten werden.

Die in der Anlage 1 zu § 3 Abs. 1 HOAI 2009 zusammengefassten sogenannten Beratungsleistungen unterliegen nicht mehr der preisrechtlichen Regelung der HOAI. Das Honorar hierfür kann frei verhandelt werden. Um für die Beratungsleistungen ausgewogene Honorare generieren zu können, ist es jedoch sinnvoll, die bewährte Regelungssystematik unter Beachtung der zu den jeweiligen Beratungsleistungen gehörenden neuen Honorartafeln der Anlage 1 der HOAI 2009 anzuwenden.

zu Ziffer 4.2.1: Bei Anrechenbaren Kosten bis 3.834.689 € / Abrechnungseinhei

Der Regelfall, dass die HOAI **per Gesetz** in das Vertragsverhältnis **eingreift**, ist dann gegeben, wenn sich aus den Herstellungskosten der Technischen Anlagen unter Beachtung des Kostenzuordnungsschemas auf der Grundlage der DIN 276 Ausgabe Dezember 2008 die Anrechenbaren Kosten bis zur Höhe von 3.834.689,00 € errechnen lassen.[7]

Es hat sich seit Einführung der HOAI gezeigt, dass diese in Verbindung mit den Normen des BGB ein für die Abwicklung eines typischen Ingenieurvertrags sehr ausgewogenes Regelwerk darstellt. Die HOAI soll Klarheit bei der Berechnung des vertragsgerechten Honoraranspruchs des Ingenieurs bewirken.

zu Ziffer 4.2.2: Bei Anrechenbaren Kosten über 3.834.689 € / Abrechnungseinheit

Ist bei den **Anrechenbaren Kosten die Grenze von 3.834.689 € überschritten**, so greift die HOAI in diesem Vertragsverhältnis nicht mehr per Gesetz. Um aber für beide Parteien Klarheit und Rechtssicherheit in der Honorarbestimmung zu erhalten, ist es sehr anzuraten, die HOAI **durch individuelle Vereinbarung** in dieses Vertragsverhältnis fest einzubinden. Dieses kann sinnvoll dadurch geschehen, dass man die begrenzten Tabellenwerte des § 54 HOAI durch die **Vereinbarung** einer erprobten und bewährten **Erweiterungstabelle**, beispielsweise der Honorartabellen der Richtlinien der Staatlichen Vermögens- und Hochbauverwaltung Baden-Württemberg (**RiFT**), Stand August 2009,[8] ergänzt und vereinbart, dass in Verbindung mit dieser Ergänzung die Regelungen der HOAI weiterhin in Gänze Gültigkeit haben sollen.

Somit gilt dann auch die gesamte **Systematik der HOAI** mit allen ihren rechtlichen Konsequenzen, wie
- Schriftformerfordernis für bestimmte Vereinbarungen,
- Bindung gewisser Vereinbarungen an den Zeitpunkt der Auftragserteilung,
- Mindest- und Höchstsatzgrenzen,
- Konditionen für Honorarzonen,
- Konditionen für Umbauzuschlag,
- Nebenkostenvereinbarungen,
- etc.

wodurch Auftraggeber und Auftragnehmer alle verpflichtenden und schützenden Regelungen der HOAI in der Abwicklung des betreffenden Vertrags zur Verfügung stehen.

Besonders in **Grenzfällen**, wenn bei der Vertragsgestaltung noch nicht exakt feststeht, ob die Anrechenbaren Kosten unter oder über 3.834.689,00 € liegen können, ist eine solche Vereinbarung wichtig.

zu Ziffer 5: Vertragsumfang

Grundsätzlich ist es sinnvoll, den Auftrag **an einen Auftragnehmer zu vergeben** und ihn mit der gesamten Verantwortung zu betrauen. Allein das garantiert dem Auftraggeber, dass es später nicht zu Abgrenzungsschwierigkeiten kommt,
- wer,
- wofür,
- aus welchem Grund,
- in welchem Umfang

ihm gegenüber haftet.

7 Dies ergibt sich aufgrund der Honorartafelgrenze des § 54 HOAI.

8 Die aktuellen erweiterten RiFT-Honorartabellen sind unter www.rift-online.de im Internet abrufbar.

Es kann jedoch in Einzelfällen Gründe dafür geben, den Ingenieurvertrag in Einzelteilen an mehrere Auftragnehmer zu vergeben. Damit sind allerdings Reibungsverluste vorprogrammiert.

zu Ziffer 5.1: Vollbeauftragung

In der Vergangenheit hat man einen nicht exakt definierten Vertrag, z. B. eine mündliche oder konkludent abgeschlossene Beauftragung, unkritisch dahingehend ausgelegt, dass der Ingenieur durch diesen automatisch auch nach Abnahme der Anlage zu der weiteren Überwachung etwaiger versteckter Mängel verpflichtet sei. Diese Ansicht wurde unreflektiert aus dem Preisrecht in das allgemeine Vertragsrecht übernommen. Dies deshalb, da die HOAI diese Nacharbeit des Auftragnehmers mit der Leistungsphase 9 des § 53 HOAI 2009 in den 100%-igen Werklohn mit einbezieht. Die Tatsache, dass diese Nachsorgetätigkeiten von der in der HOAI 2009 definierten Vergütung, die den Werklohn darstellt, abgedeckt sind, macht diese Arbeitsschritte nicht zu Teilen von typischen Werkvertragspflichten. Unter Umständen kann es den Interessen beider Vertragsparteien entsprechen, das Vertragsverhältnis von vornherein auf die Leistungen bis einschließlich der Objektbetreuung zu beschränken.

zu Ziffer 5.2: Beauftragung in sinnvoll abgerundeten Leistungspaketen

Den Umfang einer Beauftragung individuell zu bestimmen, bleibt dem Auftraggeber grundsätzlich vorbehalten. Eine Vollbeauftragung birgt für den Auftraggeber das Risiko, bei unvorhersehbaren Ereignissen der Situation entsprechend nicht flexibel genug handeln zu können. Zwar hat er nach § 649 BGB das Recht, den Auftragnehmer jederzeit kündigen zu können, doch löst eine solche freie Kündigung die bestehende Vertragsituation nur selten zufriedenstellend. Je nach baurechtlicher oder finanzieller Lage kann es für den Bauherrn daher sinnvoll sein, den Ingenieur nur in überschaubaren Etappen zu beauftragen.

zu Ziffer 5.2.1: Stufen bis zur Erstellung der Anlagen

Soll ein Ingenieurvertrag in Teilverträge aufgeteilt werden, so ist auf **sinnvolle Zäsuren** zu achten, die jeweils einen markanten **Eckpunkt** im Gesamtplanungsprozess ausmachen. An diesem muss eindeutig das **Ziel**, der bis dahin werkvertraglich geschuldete **Erfolg**, auszumachen sein.

Eckpunkt 1 ist das **Ergebnis aus der Vorplanungsphase.** Hier wird das vom Auftraggeber bis dahin meist nur grob vorgegebene Vertragsziel nach fachlicher Vorplanungsarbeit des Ingenieurs in Bezug auf
- System,
- Größe,
- Materialien,
- Kosten,
- etc.

zum ersten Mal konkret definiert. An dieser dann noch zu präzisierenden Zielvorstellung, die im Abstimmungsbesprechungsprotokoll festgeschrieben wird, ist letztendlich die Sollbeschaffenheit des Ingenieurwerks zu messen.

Eckpunkt 2 ist das **Ergebnis aus der Entwurfsphase.** Die nach der Vorplanungs- bzw. Zielfindungsphase weiter ausgearbeitete Entwurfsplanung
- beinhaltet alle dem Auftraggeber wichtigen Gesichtspunkte,
- ist zusätzlich mit dem Architekten oder Objektplaner bei Ingenieurbauwerken hinsichtlich der landesrechtlichen Planvorlagebestimmungen abgestimmt und
- ist in der Regel dem Architekten oder Objektplaner als Teil der Planungsunterlagen, die dieser den Genehmigungsbehörden vorlegen muss, übergeben.

Dieses Planungsstadium bildet die Entscheidungsplattform, auf der der Auftraggeber nach Erteilung des Baugenehmigungsbescheids klar und sicher entscheiden kann, ob er die Planung realisieren will.

Eckpunkt 3 ist das **Ergebnis aus der Realisierungsplanungsphase.** Die Realisierungsplanung ist durch

- Pläne,
- exakte Leistungsbeschreibungen der Anlagen,
- eingeholte Kostenangebote und
- vorbereitete Unternehmerverträge

derart aufbereitet, dass danach mit der Realisierung des Werks, der Anlagen, begonnen werden kann.

Eckpunkt 4 ist das **fertige Werk**, die Anlage. Der vom Ingenieur werkvertraglich geschuldete Erfolg ist dann herbeigeführt, wenn

- das Werk, hier die geplante Anlage, im Prinzip so beschaffen ist, wie der Auftraggeber es im Vertrag bestimmt hat,
- dem Auftraggeber alle Unterlagen übergeben worden sind, die er
  - zur Überprüfung der werkvertraglichen Verpflichtungen der am Planungs- und Bauprozess Beteiligten und
  - für den sofortigen und auch späteren Betrieb der Anlagen benötigt.

Es soll an dieser Stelle aber noch darauf hingewiesen werden, dass es den Vertragsparteien selbstverständlich offen ist, andere Planungspakete zu packen. Größte Aufmerksamkeit ist aber in diesem Fall darauf zu richten, den dann **geschuldeten Erfolg** des Ingenieurs derart **werkvertragsgerecht individuell zu beschreiben**, dass daran die Abnahme des Ingenieurwerks festgemacht werden kann.

zu Ziffer 5.2.2: Nach Erstellung der Anlagen

5.

Sofern beauftragt, darf der Auftraggeber erwarten, dass der Ingenieur nach Fertigstellung der Anlagen auch die Beseitigung der Mängel, die innerhalb der ersten **4 Jahre** seit der Abnahme der Bauleistungen auftreten, überwacht. Da diese Arbeit von dem HOAI-konformen (Grund-)Honorar abgedeckt ist und im Rahmen des Werkvertrags von Vorentwurf bis Bauleitung inklusive aber nur 97% eines vollen Auftrags beauftragt wurden, ist für diesen Arbeitsteil ein Honorar in der Höhe von 3% des vollen Honorars als Bemessungsgrundlage, anzusetzen. Sofern der Auftraggeber wünscht, dass der Auftragnehmer die Überwachung der Mängelbeseitigung länger als 4 Jahre vornimmt, ist dies nicht mehr mit dem (Grund-)Honorar abgegolten.

zu Ziffer 5.3: Entbindung von einzelnen Planungspflichten

Dem Auftraggeber ist es überlassen, ob er dem Auftragnehmer einen vollen Auftrag erteilt oder ob er ihn nur mit Teilen davon beauftragt. So kann er einzelne Arbeitsschritte sich selbst vorbehalten oder diese einem Dritten übertragen. Hierbei ist das Honorar gemäß **§ 8 HOAI 2009** zu mindern.

zu Ziffer 5.4: Beauftragung besonderer Leistungen

Ist es aufgrund der durch den Auftraggeber vorgegeben Aufgabenstellung dem Auftragnehmer nicht möglich, den Vertrag allein mit den in **Anlage 14 zu § 53 HOAI 2009** aufgezählten Leistungen zu erfüllen, so ist es unumgänglich, dass weitere Arbeit vom Auftragnehmer erbracht werden muss, deren Vergütung **nicht** vom (Grund-)Honorar abgedeckt ist. Für diese besonderen Leistungen ist ein Zusatzhonorar zu vereinbaren.

zu Ziffer 5.5: Beauftragung zusätzlicher Leistungen

Gibt der Auftraggeber auch Leistungen in Auftrag, die nichts mit dem eigentlichen Entstehenlassen der gewünschten Anlage zu tun haben, beispielsweise

- das Durchführen von Modellversuchen,
- das Erarbeiten der Wartungspläne,
- etc.,

so sind hierfür **Honorarvereinbarungen völlig frei** und unabhängig von der HOAI zu treffen.

zu Ziffer 5.6: Beauftragung mit ergänzenden Planungsdisziplinen

Beauftragt der Auftraggeber den Auftragnehmer auch mit Aufgaben, die nicht in seinem, sondern in anderen Leistungsbildern der HOAI beschrieben sind,[9] so ist hierfür ein eigenständiges Honorar nach den jeweiligen Vorschriften der HOAI oder, wenn die HOAI hierfür keine Regelungsvorschriften aufweist, frei zu vereinbaren.

zu Ziffer 5.7: Änderungen des Vertragsumfangs

Wie bei den oben beschriebenen Änderungen des Vertragsziels gilt auch für Veränderungen des Vertragsumfangs, dass diese nicht vom einmal vereinbarten (Grund-)Honorar abgegolten sind. Ändert der Auftraggeber nachträglich den Vertragsumfang, so sind die dadurch anfallenden Tätigkeiten des Ingenieurs von der Honorarsystematik der HOAI laut § 3 Abs. 2 HOAI und dem ursprünglich geschlossenen Vertrag nicht erfasst. Das Honorar muss dann neu verhandelt werden.

zu Ziffer 6: Vertragsverpflichtungen des Auftragnehmers

Ziffer 6 des Vertrags ist das Kernstück des vorliegenden werkvertragsgerechten Ingenieurvertrags. Hierin ist im ersten Teil die **Aufgabenstellung an den Auftragnehmer derart beschrieben**, dass danach das **Werk des Ingenieurs abgenommen werden kann**. Allein diese erfolgsbezogene Beschreibung des jeweilig zu erreichenden Ziels kann Klarheit schaffen, was der Auftraggeber vom Auftragnehmer erwarten kann und darf und was einen ganz bestimmten Honoraranspruch auslöst. Genau diese Zielbeschreibung fehlt in allen bisher gängigen Ingenieurvertragsmustern. Dies führt in Honorarprozessen oftmals zu abwegigen Behauptungen sowie zu Meinungsverschiedenheiten der streitenden Parteien darüber, was eigentlich in Auftrag gegeben worden sei. Die Folge ist, dass die meisten Honorarprozesse mit einem den wahren Honoraranspruch unterschreitenden Vergleich enden.

zu Ziffer 6.1: Stufe 1: Vorplanung (Zielfindungsphase)

zu Ziffer 6.1.1: Der werkvertraglich geschuldete Erfolg

Es sind vom Auftragnehmer **nicht**, wie so oft unkritisch angenommen, die **einzelnen Arbeitsschritte** aus den Leistungsphasen 1 und 2 des § 53 HOAI geschuldet, sondern einzig und allein ein aus dieser Arbeit **bewirktes Ergebnis**, anhand dessen erkennbar ist, ob das vom Auftraggeber gewollte Werk hiermit zielgerecht erreicht werden kann. Nach neuerer, nicht nur nach Ansicht der Autoren mit Recht umstrittener,[10] Rechtsprechung des BGH vom 24.06.2004 und 11.11.2004,[11] sind die früher als Grundleistungen bezeichneten, seit der HOAI 2009 die in Anlage 14 aufgeführten Leistungen aus den Leistungsbildern der HOAI als **Teilerfolge** geschuldet, sofern sie ausdrücklich als Vertragsbestandteil in den Vertrag eingegangen sind oder der Vertrag zumindest dahingehend auszulegen ist. Diesem **nicht werkvertragsgerechten Einfordern von einzelnen Arbeitsschritten**, welches keine Rücksicht darauf nimmt, ob die betroffenen Einzeltätigkeiten im Einzelfall auch tatsächlich erforderlich sind oder nicht, kann und muss durch klare und eindeutige Vertragsgestaltung Rechnung getragen werden. Dies kann dadurch geschehen, dass in **Ziffer 3.2** dieses Vertrags, was in individuell gestalteten Verträgen entsprechend möglich ist, das zu erreichende **Ergebnis** aus der Arbeit des Ingenieurs, d.h. das **Ingenieurwerk** selbst und nicht die einzelnen Arbeitsschritte, die der Ingenieur bei der Erstellung seines Werkes gehen muss, beschrieben wird. Nur so sind die durch die neuere BGH-Rechtsprechung zu erwartenden fatalen

---

9 Dies kann beispielsweise dann der Fall sein, wenn der Ingenieur als Generalplaner tätig wird.

10 Siehe Kommentierung des BGH-Urteils vom 24.06.2004 im Seminarskript von Prof. Dr. Motzke: „Zur Manko-Haftung im Planervertrag – die HOAI und der Planervertrag nach einer Wende der Rechtsprechung?"

11 BGH, Urteil vom 24.06.2004 – VII ZR 259/02, BauR 2004, 1640. sowie BGH, Urteil vom 11.11.2004 – VII ZR 128/03, BauR 2005, 400.

Auswirkungen in Form von Honorarabzügen wegen einzelner, angeblich nicht erbrachter, Teilleistungen, in zukünftigen Honorarprozessen vermeidbar.

Der Ingenieur, der in Zukunft seinen Ingenieurvertrag weiterhin in Anlehnung an die Leistungsbilder der HOAI unter Nennung der (Grund-)Leistungen der Anlage 14 HOAI 2009 formuliert, wird sich im Honorarprozess vor Ungereimtheiten und ungerechten Honorarminderungen nicht schützen können. Aus diesem Grund ist es sinnvoll, die entsprechenden Begrifflichkeiten aus der HOAI und insbesondere den Bezug auf die Leistungsphasen der HOAI ganz zu meiden.

Sollte der Auftraggeber auf Benennung dieser Arbeitsschritte in dem Vertrag bestehen, so kann klargestellt werden, dass der Planer das **Ergebnis aus diesen Tätigkeiten**, nicht die einzelnen Tätigkeiten selbst, schuldet. Sofern auch dies nicht realisierbar ist, kann formuliert werden, dass die (Grund-)Leistungen nur geschuldet sind, soweit sie **zur Erfüllung des Ingenieurvertrags erforderlich** sind. Dies wäre werkvertragsgerecht und akzeptabel. Auch die Auftraggeberseite ist dadurch nicht schlechter gestellt, da sie, sofern das Werk mangelfrei ist, den Gegenwert der Arbeit des Ingenieurs erhält. Dieser Gegenwert ist unabhängig davon, ob der Ingenieur einzelne, nicht erforderliche Teilleistungen eventuell nicht erbracht hat. Er ist auch unabhängig davon, ob der Architekt die erforderlichen Leistungen im Rahmen eines 8-Stunden-Tags erbracht hat oder rund um die Uhr dafür arbeiten musste.

Die **Beschaffenheitskriterien** des zu erwartenden **Ergebnisses aus der Vorplanungsarbeit** des Auftragnehmers sind in Ziffer 6.1.1 dieses Vertragsmusters derart beschrieben, dass das **Werk des Ingenieurs** bis zu diesem Planungsstadium im Sinne des Werkvertragsrechts **abnehmbar** wird. Die Abnahme des Werks ist der Eckpfeiler im Werkvertragsrecht und für den Auftragnehmer grundsätzlich unverzichtbar. Nur wenn die gewünschte Beschaffenheit des Werkes durch die Abnahme bestätigt ist, kann von ihm

- einerseits der Vertrag insoweit als erfüllt nachgewiesen und
- andererseits der Honoraranspruch begründet und fällig gestellt werden.

zu Ziffer 6.1.2: Darstellungsmittel für Stufe 1

Planung besteht immer aus 3 Komponenten:

1. den **Plänen**, in denen die Planungsidee zeichnerisch dargestellt ist,
2. der schriftlichen **Anlagenbeschreibung**, in der die zu verwendenden Materialien und deren Qualitäten dargelegt werden und
3. der **Kostenaussage**, die sich ergibt
   - aus der **Größe der Anlage** (siehe Pläne) und
   - aus dem **Qualitätsgrad der Materialien**, aus denen die Anlagen errichtet werden sollen (siehe Anlagenbeschreibung).

Fehlt bei der Vorstellung der Planung einer dieser drei Eckpfeiler, so ist der Auftraggeber nicht sinnvoll und umfassend informiert und kann möglicherweise wichtige Entscheidungen nicht treffen. Erkennt er zum Beispiel bei einer Planungsbesprechung, dass ein bestimmter Anlagenteil unzureichend, beispielsweise zu klein geplant ist, so hat eine Vergrößerung mit Sicherheit Mehrkosten zur Folge. Sollen aber dennoch die Kosten beibehalten werden, so geht dies nur durch Reduzierung der Materialqualitäten. An diesem Beispiel wird klar, dass alle drei Planungsaussagen:

- Pläne,
- Materialbeschreibung und
- Kosten

immer nur im engsten Kontext gesehen werden können.

Die Autoren möchten aufgrund ihrer über 30-jährigen Gerichtserfahrung dringend anraten, jedes Planungsstadium und auch jeden Änderungswunsch des Bauherrn, sei er auch noch so klein, grundsätzlich immer mit Plan, Beschreibung und Kosten zu belegen und dem Auftraggeber vorzustellen. Nur so kann das Planungsgeschehen samt aller seiner Konsequenzen auch später nachvollzogen werden.

Um dem Auftraggeber die Planung der Vorentwurfsphase vorzustellen, sind erfahrungsgemäß die unter Ziffer 6.1.2 des Vertrags aufgezeigten **Darstellungstechniken** sinnvoll. Der Genauigkeitsgrad in dieser Planungsaussage muss erkennen lassen, ob mit dem Planungsansatz das vom Auftraggeber gewollte Ziel erreichbar ist. Gegebenenfalls ist die bei Auftragserteilung vorgegebene Zielvorstellung des Auftraggebers am Ende der Zielfindungsphase zu korrigieren und zu ergänzen.

zu Ziffer 6.2 Stufe 2: Entwurfsplanung

zu Ziffer 6.2.1 Der werkvertraglich geschuldete Erfolg

Dieses Planungsstadium bedarf einer **größeren Planungstiefe** und eines weitaus **höheren Genauigkeitsgrads** als die Planungsphase zuvor, da der Bauherr am Ende der Entwurfsarbeit wesentliche Entscheidungen zu treffen hat, so beispielsweise ob

- er die vom Ingenieur berechneten Kosten überhaupt finanzieren will und kann,
- er die Fachplanung als Teil der Gesamtplanung zur Vorlage bei der Baugenehmigungsbehörde verwenden will und
- die weitergehende Realisierungsplanung begonnen werden soll.

Deshalb ist die Planung derart aufzubereiten, dass darin alle **für den Bauherrn wichtigen Entscheidungskriterien** erkennbar sind.

zu Ziffer 6.2.2 Darstellungsmittel für Stufe 2

Auch hier gilt, dass grundsätzlich erst die

- Pläne,
- Materialbeschreibung und
- Kosten

in Ergänzung zueinander das komplette Planungspaket ausmachen, so wie es dem Auftraggeber vorgestellt werden soll. Der in Ziffer 6.2.2 aufgezeigte Genauigkeitsmaßstab ist aus Erfahrung ausreichend.

zu Ziffer 6.3 Stufe 3: Realisierungsplanung

zu Ziffer 6.3.1 Der werkvertraglich geschuldete Erfolg

Dieses Planungsstadium ist schwerpunktmäßig auf die **Informationsbedürfnisse der ausführenden Firmen** ausgerichtet. Selbstverständlich sind alle diese Planungsaussagen vorher auch dem Auftraggeber vorzulegen, da er hieran Details der Anlagenausführung erkennen und gegebenenfalls hier noch Weichen stellen kann.

Diese Planungsphase ist erst als vertragsgerecht erfüllt anzusehen, wenn alle zukünftigen Bauabläufe anhand der Pläne und detaillierter Leistungsbeschreibungen in Mengen, Materialien und Qualitäten erfasst sind und die dabei zu erwartenden Anlagenkosten in der Regel von den Baufirmen eingeholt, geprüft und zu einem Kostenanschlag ausgearbeitet worden sind.

Es ist mit Nachdruck auf einen in dieser Planungsphase immer wieder auftauchenden Missstand hinzuweisen:

Wenn der Auftraggeber in Erwägung zieht, für die Ausführung seines Bauvorhabens einen Generalunternehmer zu beauftragen, so sollte dennoch von der Erstellung einer sogenannten Generalunternehmerausschreibung, die meist keine Einheitspreise ausweist, Abstand genommen werden. Die Autoren warnen vor solchen Ausschreibungen, die dem Fachingenieur unter Umständen anfangs diesen Planungsschritt etwas erleichtern, die aber im späteren Baugeschehen in der Regel nur Unannehmlichkeiten verursachen.

Bei späteren Änderungen ist für den Bauherrn ein Nachtragsangebot nicht kontrollierbar, da ein Vergleich zu den Kosten der Urkalkulation wegen fehlender Einheitspreise nicht möglich ist.

zu Ziffer 6.3.2 Darstellungsmittel für Stufe 3

Diese ergeben sich aus dem **Informationsbedürfnis**
- **des Bauherrn** in Bezug auf für ihn wichtige Details und
- **der bauausführenden Firmen**, welches jedoch je nach deren jeweiliger Professionalität stark schwanken kann.

zu Ziffer 6.4 Stufe 4: Objektüberwachung

zu Ziffer 6.4.1 Der werkvertraglich geschuldete Erfolg

Geschuldet ist im Rahmen der Objektüberwachung:
- das **Entstehenlassen der mangelfreien Anlagen**, wie
  - der Auftraggeber sie nachvollziehbar (siehe Ziffer 3.2) gewünscht,
  - der Auftragnehmer sie vertragsgerecht geplant und
  - gegebenenfalls die Baubehörde sie genehmigt hat,
- alle **Unterlagen**, anhand derer der Auftraggeber
  - die Pflichterfüllung aller am Baugeschehen Beteiligten sowie
  - seine eigenen Verpflichtungen den ausführenden Firmen gegenüber erkennen und
  - seine Anlagen nach Errichtung und in der Folgezeit sinnvoll betreiben und warten kann.

5.

Diesem Ergebnis setzt § 53 Abs. 1 HOAI einen Honoraranteil von 33% eines Vollauftrags entgegen.

zu Ziffer 6.4.2 Darstellungsmittel für Stufe 4

Diese sind im Vertrag umfassend beschrieben.

zu Ziffer 6.5 Stufe 5: Objektbetreuung und Dokumentation

zu Ziffer 6.5.1 Die geschuldete Tätigkeit

Der Ingenieur verpflichtet sich,
- die Arbeiten der einzelnen Gewerke vor Ablauf der jeweiligen Gewährleistungsfristen auf Schadensfreiheit vor Ort zu kontrollieren und gegebenenfalls die Beseitigung aufgetretener Mängel zu überwachen und
- die zeichnerischen und rechnerischen Unterlagen zusammenzustellen und diese, insofern der Auftraggeber diese noch nicht in seinem Besitz hat, ihm zu übergeben.

Die HOAI stellt für diese Betreuungsmaßnahmen einen Honorarbetrag in Höhe von 3 % eines Vollauftrags ein.

zu Ziffer 7 Vertragsverpflichtungen des Auftraggebers

Die Verpflichtungen des Auftraggebers im Rahmen eines Werkvertrags erschöpfen sich nicht allein in seiner Vergütungsverpflichtung. Sie sind vielfältiger Art und fallen über den gesamten Zeitablauf des Vertragsverhältnisses an.

zu Ziffer 7.1 Verpflichtung zur Vorgabe der konkreten Zielvorstellung

Es ist gängige Rechtsprechung, dass bei Beendigung des Werkvertrags und vor Abnahme des Werks im Zweifel der Auftragnehmer beweisen muss, dass er den werkvertraglich geschuldeten **Erfolg herbeigeführt** hat und das **Werk so beschaffen** ist, wie der Auftraggeber es **bestellt** hat. Doch zu dieser Beweisführungspflicht gehört zwingend, dass die Parameter, anhand derer später das Werk zu bemessen ist, als **Beschaffenheitskriterien** vom Auftraggeber vorgegeben und **Vertragsbestandteil geworden** sind. Nur an eindeutig bestehenden Vertragskonditionen kann sich der Auftragnehmer orientieren und den von ihm zu erreichenden Erfolg ausrichten.

Gibt es **kein schriftliches** Vertragsverhältnis, so ist es oft geübte Praxis der Auftraggeberseite, in einem späteren Honorarprozess beispielsweise zu behaupten: „Die Kosten der Feuerlöschanlage, der Heizungsanlage, der Fernmeldeanlage hätten nicht mehr als 20.000 € sein dürfen!" Nicht selten sieht sich der Ingenieur nun in der Pflicht, zu beweisen, dass der Auftraggeber kein Kostenlimit von 20.000 € vorgegeben hat.

Dies zeigt, wie wichtig klare vertragliche Regelungen sind, durch die derartige Diskussionen von vornherein ausgeschlossen werden können – und dies zur Sicherheit beider Vertragsparteien.

Es ist der Auftraggeber, der primär etwas will, etwas herstellen oder verändern lassen will. Deswegen geht er überhaupt ein Vertragsverhältnis ein. Es ist sein Recht, das **WAS** und **WIE** zu benennen und ein Werk zu erwarten, das exakt **seinen Vorgaben entspricht**. Doch die Rechte des Auftraggebers ergeben sich allein aus dem geschlossenen Vertragsverhältnis, innerhalb dessen der Auftragnehmer verbindlich zur Einhaltung ganz gewisser Konditionen, ganz bestimmter Beschaffenheitskriterien des zu erstellenden Werks verpflichtet worden ist. Somit ist der Auftraggeber verpflichtet, seine Vorstellungen über die Beschaffenheit des einerseits von ihm gewünschten und andererseits vom Auftragnehmer zu schaffenden Werks von Anfang an und so gut, wie es ihm zu diesem Zeitpunkt möglich ist, nachvollziehbar darzulegen und rechtsverbindlich in den Vertrag einzubringen.

Der Auftraggeber hat damit die **Möglichkeit**, vor und bei der Vertragsgestaltung seine Wünsche darzustellen, und sogar die **Pflicht** hierzu, **sofern er später auf die Einhaltung gewisser Details bestehen dürfen und können will**. Seine Wunschvorstellungen können zwar noch während der Laufzeit des Vertrags modifiziert, präzisiert und ergänzt werden, doch muss dafür Sorge getragen werden, dass diese Änderungen gegenüber dem Stand bei Vertragsschluss auch im Nachhinein Vertragsbestandteil werden. Für die spätere Behauptung, es sei ein **Anderes** oder ein **Mehr** gegenüber den im Zeitpunkt der vertraglichen Bindung schriftlich fixierten Beschaffenheitskriterien eines Werkes geschuldet, muss derjenige den Beweis führen, für den die Auswirkungen dieser Behauptungen positiv sind.

Gibt der Auftraggeber bei Vertragsschluss **nicht** alle für ihn wichtigen Beschaffenheitskriterien des Werks eindeutig und nachvollziehbar vor und hat er es versäumt, nachträgliche Änderungswünsche rechtsgültig und für den Auftragnehmer verbindlich in das Vertragsverhältnis einzubinden, hat er unter Umständen für ihn wichtige Bestimmungsrechte aufgegeben und seine Chance vertan, später bei der Abnahme auf ganz bestimmten Details und Eigenschaften des geschuldeten Werks zu bestehen.

Diese Sichtweise beruht auf § **633 BGB**:

> **Zitat:**
> § 633 Sach- und Rechtsmangel.
> (1) Der Unternehmer hat dem Besteller das Werk frei von Sach- und Rechtsmängeln zu beschaffen.
> (2) Das Werk ist frei von Sachmängeln, wenn es die vereinbarte Beschaffenheit hat. Soweit die Beschaffenheit nicht vereinbart ist, ist das Werk frei von Sachmängeln,
> 1. wenn es sich für die nach dem Vertrag vorausgesetzte, sonst
> 2. für die gewöhnliche Verwendung eignet und eine Beschaffenheit aufweist, die bei Werken der gleichen Art üblich ist und die der Besteller nach der Art des Werkes erwarten kann. [...]

Hierin heißt es unmissverständlich, dass der Auftraggeber die Beschaffenheit des Werkes erwarten darf, die **vereinbart** wurde. Hat er keine konkreten Eigenschaften vorgegeben und sind solche damit nicht ausdrücklich in das Vertragsverhältnis als Beschaffenheitskriterien eingegangen und als geschuldet vereinbart, so kann der Auftraggeber keine konkreteren als nur die bei Werken gleicher Art üblichen Eigenschaften erwarten.

zu Ziffer 7.2 Verpflichtung zur Fortschreibung der Zielvorstellung

Da der Auftraggeber in der Regel kein Baufachmann ist und somit in vielen Fällen bei der Vertragsgestaltung noch nicht alle seine Wünsche, die er an die Technischen Anlagen hat, präzise formulieren kann, ist er verpflichtet, bei fortschreitendem Planungsstand seine Zielvorstellungen unter Mithilfe seines Architekten oder Objektplaners den jeweiligen neuen Planungserkenntnissen entsprechend zu konkretisieren und gegebenenfalls anzupassen. Planen ist ein dynamischer Prozess und erst durch ihn und in ihm wird die Zielvorstellung des Auftraggebers je nach fortschreitendem Planungsstand deutlicher. Ist erkennbar, dass die ersten Vorgaben nicht ausreichend sind, um das Werk eindeutig zu definieren, so muss hier präzisiert werden.

zu Ziffer 7.3 Verpflichtung zur Kontrolle während des Planungs- und Bauprozesses

Der Auftraggeber hat das Recht, durch seinen Architekten und seinen Fachingenieur fortlaufend und vollständig informiert zu werden, damit er während des Planungs- und Baugeschehens zu jeder Zeit in der Lage ist, in seinem Sinn Korrekturen an seiner Zielvorstellung und somit an der Aufgabenstellung des Planers vornehmen zu können. Ebenso hat der Auftragnehmer aber auch das Recht, von seinem aufgeklärten Auftraggeber zu jeder Zeit zu erfahren, ob dieser mit dem bisher Erarbeiteten einverstanden ist und ob das Planungs- und/oder Baugeschehen in seinem Sinne verläuft. Die Meinung des Auftraggebers soll aus Rechtssicherheitsgründen nachvollziehbar in Besprechungsprotokollen festgehalten werden.[12]

zu Ziffer 7.4 Vergütungsverpflichtung

Der Werkvertrag führt zu einer gegenseitigen, in der Regel gleichwertigen Verpflichtung von Auftraggeber und Auftragnehmer.

> **Zitat:**
> BGB § 631 Vertragstypische Pflichten beim Werkvertrag.
> (1) Durch den Werkvertrag wird der Unternehmer zur Herstellung des versprochenen Werkes, der Besteller zur Entrichtung der vereinbarten Vergütung verpflichtet. [...]

Es verpflichtet sich somit

- der Ingenieur, das Werk, die Anlagen, wie vom Bauherrn vorgegeben und gewünscht zu planen und seine Herstellung zu überwachen,
- der Bauherr, das vereinbarte Honorar zu zahlen.

Wie der Bauherr mangels konkreter Beschaffenheitsvereinbarung keine außergewöhnliche Anlage erwarten kann, kann der Ingenieur ohne vertragliche Vereinbarung über die Höhe seiner Vergütung letztendlich nur das Honorar erwarten, das bei Bauvorhaben gleicher Art üblich ist. Dies gilt auch für den Fall, dass zwar eine **Honorarvereinbarung** getroffen wurde, diese aber entweder ungenau oder nicht rechtsgültig ist.

Auch dieser Umstand basiert auf den Regelungen des BGB:

> **Zitat:**
> BGB § 632 Vergütung.
> (1) Eine Vergütung gilt als stillschweigend vereinbart, wenn die Herstellung des Werkes den Umständen nach nur gegen eine Vergütung zu erwarten ist.
> (2) Ist die Höhe der Vergütung nicht bestimmt, so ist bei dem Bestehen einer Taxe die taxmäßige Vergütung, in Ermangelung einer Taxe die übliche Vergütung als vereinbart anzusehen.
> [...]

Ohne vertragliche Honorarvereinbarung richtet sich die Vergütung von typischen Ingenieurverträgen in der Regel nach der HOAI, sofern

12 Siehe Checklisten als Anhang zum Ingenieurvertrag.

- deren Vertragsgegenstand vom Leistungsbild des § 53 HOAI erfasst ist und
- die Tabellenwerte des § 54 Abs. 1 HOAI 2009 in Höhe von 3.834.689 € je Abrechnungseinheit nicht überschritten werden.

Da sich die HOAI seit dem 01.01.1977 bis heute als ein für beide Vertragsparteien **ausgewogenes Regelwerk** bewährt hat, ist es sinnvoll, durch vertragliche Vereinbarung dafür Sorge zu tragen, dass sie auch in Fällen, die über den jeweiligen Tafelwerten angesiedelt sind, die werkvertragliche Vergütung regelt.

zu Ziffer 7.4.1 (Grund-)Honorar

Die HOAI 2009 legt durch verschiedene **Honorarberechnungsparameter** ein **(Grund-) Honorar** fest, das alle in Anlage 14 zu § 53 HOAI 2009 abschließend aufgezeichneten **(Grund-)Leistungen**, d.h. Arbeitsschritte des Ingenieurs, abdeckt, sofern diese zum Erreichen des werkvertraglich geschuldeten Erfolgs notwendig sein sollten.

Diese Berechnungsfaktoren sind:

- die **Anrechenbaren Kosten**, die sich
  - direkt aus der Kostenberechnung des Planers (§ 6 Abs. 1 HOAI 2009),
  - indirekt aus der einvernehmlich festgelegten Baukostenvereinbarung der Parteien (§ 6 Abs. 2 HOAI 2009),

  jeweils unter Beachtung des § 4 Abs. 1 und 2 HOAI 2009 ergeben,
- die **Honorarzone**, die sich anhand des Schwierigkeitsgrads der Planungsaufgabe gemäß § 54 Abs. 2 und 3 HOAI 2009 feststellen lässt,
- der **Honorarsatz**, der bei Auftragserteilung anhand erschwerender aufwandsbezogener Einflussgrößen abgeglichen und individuell festgelegt werden kann,
- der **Leistungsumfang**, der sich durch den Auftragsumfang ergibt und
- die **Zuschläge**, die sich aus der individuellen Zuweisung zu § 2 Nr. 6, 7, 9 oder 10 ergeben.

zu Ziffer 7.4.2 Zusätzliches Honorar

Die Formulierung in Ziffer 7.4.2 des Vertragsmusters dient vor allem der Klarstellung, welche Leistungen **nicht** von dem vertraglich geregelten (Grund-)Honorar abgedeckt sind. Dies ist insbesondere vor dem Hintergrund, dass die HOAI diesbezüglich keine präzisen Aussagen trifft, wichtig.

Ergibt sich beispielsweise während der Laufzeit des Vertragsverhältnisses, dass der Auftraggeber seine einmal gesetzten Zielvorstellungen, d.h. die Beschaffenheitsmerkmale des gewünschten Werks ändert, und entfallen damit Leistungsteile der bis dahin in Bezug auf die vorige Aufgabenstellung schon vertragskonform erarbeiteten Planung und/oder Bauleitung, so muss in der Regel in Bezug auf die neue Aufgabenstellung nachgearbeitet werden. Die dadurch entstandenen Mehraufwendungen sind notwendig, um wieder auf denselben Planungs-/Bauleitungsstand zu kommen, der in Bezug auf die vorigen Zielvorgaben schon einmal erreicht worden war. Sie stellen ein Mehr gegenüber dem ursprünglich geschuldeten Arbeitsaufwand dar, sind als wiederholt zu erbringende (Grund-) Leistungen anzusehen und somit zusätzlich zu vergüten.

Laut § 3 Abs. 2 HOAI 2009 sind diese Leistungen frei vereinbar und zu vergüten. Die Höhe und die Art der Vergütung kann festgelegt werden entweder

- pauschal,
- nach Zeitnachweis oder auch
- prozentual mit einem Prozentsatz des Grundhonorars.

zu Ziffer 7.4.3 Vergütung der (Grund-)Leistungen

Im deutschen Recht gibt es das grundgesetzlich garantierte Prinzip der Privatautonomie, welches auch die sogenannte Vertragsfreiheit beinhaltet. Danach steht es dem Einzelnen frei, seine Angelegenheiten eigenverantwortlich durch Verträge zu gestalten und im

Rahmen der Rechtsordnung selbst zu entscheiden, mit wem er Verträge welchen Inhalts schließt. In diesem Sinne können die Vertragsparteien sehr wohl individuelle Regelungen zur Bestimmung des Werklohns treffen. Dabei ist die HOAI grundsätzlich nicht zwingend mit allen ihren einzelnen honorarbestimmenden Regelungsbestandteilen anzuwenden. Allerdings ist die getroffene Honorarvereinbarung an den von der HOAI gesetzten Grenzen der Mindest- und Höchstsätze der HOAI abzugleichen. Die HOAI ist damit in ihren Grenzen zu respektieren. Mehr nicht!

Die Folge ist, dass alle individuellen Regelungen, die u.a. in Form
- einer Pauschalhonorarvereinbarung,
- einer Gegenleistungsvereinbarung,
- einer Stundenabrechnungsvereinbarung oder nach
- einer Baukostenvereinbarungsvorgabe gemäß § 6 Abs. 2 HOAI 2009

erfolgt sind, grundsätzlich vorerst als rechtsgültig wirksam anzusehen sind, solange, bis sich herausstellt, dass sie beispielsweise
- gegen die guten Sitten verstoßen,
- Wucher darstellen oder
- ein gesetzliches Gebot nicht einhalten.

Vor allem der letzte Fall ist bei Architekten- und Ingenieurverträgen oft von Bedeutung, und zwar aufgrund von Regelungen, die direkt oder indirekt zur Mindestsatzunterschreitung oder Höchstsatzüberschreitung der preisrechtlich durch die HOAI aufgezeigten Grenzen führen.

Ist eine Individualvereinbarung über die Honorierung nicht schriftlich bei Auftragserteilung erfolgt, ist das Honorar gemäß § 7 Abs. 6 HOAI 2009 zu berechnen. Dann ist die HOAI in allen ihren Einzelbestimmungen heranzuziehen und mangels anderer rechtsgültiger Vereinbarung zwischen den Parteien das Honorar nach der Kostenberechnung des Planers und den jeweiligen Mindestsätzen zu bestimmen. Die Höhe der Vergütung kann dann nach diesen Regelungen der Aufgabenstellung entsprechend sehr ausgewogen berechnet werden.

Die HOAI hat hierfür mehrere Parameter ausgewiesen, die über
- die Größenordnung des Bauvorhabens (Anrechenbare Kosten),
- den Schwierigkeitsgrad der Planung (Honorarzone),
- die Einflussgrößen aus Standort, Zeit, Umwelt, Institutionen, Nutzung (Honorarsatz) und
- die leistungserschwerenden Kriterien der Maßnahme (Zuschläge)

definiert werden können.

zu Ziffer 7.4.3.1 Anrechenbare Kosten

Das Honorar ist entweder gemäß
- § 6 Abs. 1 HOAI 2009 durch die Ausweisung der anrechenbaren Kosten in der Kostenberechnung des Planers oder
- § 6 Abs. 2 HOAI 2009 durch die einvernehmlich festgelegte Baukostenvereinbarung

errechenbar und somit fixiert. Hiermit steht ein (Grund-)Honorar fest, das alle in Anlage 14 zu § 53 HOAI 2009 abschließend aufgezeichneten Leistungen, d.h. Arbeitsschritte des Ingenieurs, abdeckt, sofern diese zum Erreichen des werkvertraglich geschuldeten Erfolgs notwendig sind.

Das Honorar des Planers ist damit durch die Honorarbemessungsgrundlage, die über die Kostenberechnung oder die Baukostenvereinbarung individuell auf das Bauvorhaben ausgerichtet ist, festgeschrieben. Ändert sich während der Laufzeit des Vertragsverhältnisses das vom Auftragnehmer zu erreichende Ziel, so ist auch das dagegen stehende Honorar der neuen Situation entsprechend gemäß § 7 Abs. 5 HOAI 2009 anzupassen. Dies, um dem Umstand Rechnung zu tragen, dass der Werklohn und der Wert des Werks grundsätzlich in einem ausgewogenen Verhältnis zueinander stehen müssen. Ändert sich der eine Parameter, so ist zwangsläufig der andere dementsprechend anzupassen. Dass dabei auf die in § 7 Abs. 5 HOAI 2009 hingewiesene Schriftform zu achten ist, ist wesentlich, da ansonsten die Differenz zwischen dem ursprünglichen (Grund-)Honoraranspruch und dem neuen angepassten nicht fällig zu stellen ist.

Anrechenbare Kosten als Honorarberechnungsgrundlage:

Galt im Gültigkeitszeitraum der HOAI 1996 gemäß § 69 Abs. 3 HOAI noch der Grundsatz, dass das Ingenieurhonorar in drei Teilen auf der Grundlage von
- Kostenberechnung,
- Kostenanschlag und
- Kostenfeststellung

zu berechnen ist, hat die HOAI 2009 die Abrechnungsmethodik stark vereinfacht. Sie bestimmt in § 6 Abs. 1, dass sich das Honorar für alle Leistungen einheitlich nach der
- **Kostenberechnung**, die auf der Grundlage der Entwurfsplanung erstellt wird, oder, soweit diese aufgrund des Planungsfortschritts noch nicht vorliegt, nach der
- Kostenschätzung, die überschlägig auf der Grundlage der Vorplanung erfolgt,

zu richten hat.

> **Zitat:**
> § 6 Grundlagen des Honorars
> (1) Das Honorar für Leistungen nach dieser Verordnung richtet sich
> 1. für die Leistungsbilder der Teile 3 und 4 nach den anrechenbaren Kosten des Objekts auf der Grundlage der Kostenberechnung, oder, soweit diese nicht vorliegt, auf der Grundlage der Kostenschätzung [...]

Aus der Kostenberechnung sind dann die anrechenbaren Kosten für das gesamte Planerhonorar zu ermitteln.

Anrechenbare Kosten als Teil der Herstellungskosten:

Um die grundsätzliche Systematik der HOAI in Bezug auf die Honorarberechnungskriterien allgemein verständlich erklären zu können, soll hier vorab diese an den Vorgaben für die **Objektplanung für Gebäude** exemplarisch dargestellt werden.

Anrechenbare Kosten für das Architektenhonorar:

Der Verordnungsgeber hat in der **HOAI 1977** die **Baukosten** eines Gebäudes als einen von mehreren Parametern zur Berechnung des Werklohns, des Architektenhonorars, festgelegt. Aus Ausgewogenheitsgründen schreibt er jedoch vor, dass nicht immer alle Baukosten unreflektiert und in voller Höhe als Honorarbemessungsgrundlage für das Architektenhonorar herangezogen werden können. Dies gilt beispielsweise für die Kosten der Technischen Gebäudeausrüstung bei hochgradig installierten Gebäuden.

Da in vielen Fällen nicht der Architekt die Installationen und die zentrale Betriebstechnik plant, sondern Fachingenieure, sollen die Installationskosten zur Berechnung des Honorars des Architekten nur bis zu einem bestimmten Prozentsatz voll und darüber hinaus um einen bestimmten Schlüssel gemindert herangezogen werden können. Die Unterscheidung, welche Kostenpositionen aus den Herstellungskosten gegebenenfalls diese Minderung erfahren müssen, kann aber nur erfolgen, wenn man grundsätzlich alle Kosten unmissverständlich und immer gleich einem bestimmten Ordnungssystem zuweist.

Um kein neues Ordnungssystem einführen zu müssen, bediente sich der Verordnungsgeber hierfür der damals bereits bestehenden **DIN 276** aus dem Jahr 1971, die er dann in § 10 Abs. 2 der HOAI 1977 einbrachte. Darauf aufbauend legten § 10 Abs. 4 und 5 HOAI (alte Fassungen) verbindlich fest, welche der nun durch die Zuweisung der Kostengruppennummern der DIN 276 eindeutig definierten Kosten für das Architektenhonorar **anrechenbar** sein sollten. Dabei bestimmte der Verordnungsgeber abschließend, wie und in welcher Tiefengliederung er diese Kosten unterschieden haben will.

Infolge dieses Abgleichs der Herstellungskosten in Bezug auf ihre Anrechenbarkeit wurde es möglich, dass sich bei verschiedenen Gebäuden trotz gleicher Höhe der Gesamtbaukosten durch die unterschiedliche Anrechenbarkeit einzelner Kostenpositionen unter Umständen verschiedene Honorarbemessungskosten ergeben. Dadurch entstand ein neuer Begriff, die **anrechenbaren Kosten**.

Mit der **HOAI 1988** wurde in deren § 10 Abs. 2 die **DIN 276**, Ausgabe **1971**, gegen die **DIN 276**, Ausgabe **1981**, ausgetauscht. Diese Fassung der DIN 276 war seither zur Ermittlung der Anrechenbaren Kosten maßgeblich.

Dies hat sich mit der **HOAI 2009** geändert, die nun Bezug auf die **DIN 276, Ausgabe Dezember 2008**, nimmt:

> **Zitat:**
> § 4 Anrechenbare Kosten:
> (1) [...] Wird in dieser Verordnung die DIN 276 in Bezug genommen, so ist diese in der Fassung vom Dezember 2008 (DIN 276-1: 2008-12) bei der Ermittlung der anrechenbaren Kosten zugrunde zu legen. [...]

Die HOAI 2009 behält damit das oben dargestellte Grundprinzip der Bestimmung der Anrechenbaren Kosten bei und bestimmt in § 32, dass verschiedene Kosten auf unterschiedliche Art und in unterschiedlichem Umfang in die Bemessungsgrundlage für das Honorar einfließen.

> **Zitat:**
> § 32 Besondere Grundlagen des Honorars:
> (1) Anrechenbar sind für Leistungen bei Gebäuden [...] die Kosten der Baukonstruktion.
> (2) Anrechenbar für Leistungen bei Gebäuden [...] sind auch die Kosten für Technische Anlagen, die der Auftragnehmer nicht fachlich plant oder deren Ausführung er nicht fachlich überwacht,
> 1. vollständig bis zu 25 Prozent der sonstigen anrechenbaren Kosten und
> 2. zur Hälfte mit dem 25 Prozent der sonstigen Kosten übersteigenden Betrag.
> (3) Nicht anrechenbar sind [...]

Hierdurch ergeben sich Kosten, die

A: **immer** und immer **voll anrechenbar** sind,
B: **immer**, aber **nicht immer voll**, sondern **ggf. gemindert** anrechenbar sind,
C: **bedingt** anrechenbar sind, aber wenn ja, dann **voll**,
D: **unter bestimmten Voraussetzungen voll** oder **nicht** anrechenbar sind,
E: nicht direkt anfallen, aber **als fiktive Kosten**, je nachdem welcher Kostengruppe sie zuzuordnen sind, unter Umständen anrechenbar sind,
F: **grundsätzlich nicht** anrechenbar sind.

Da die Anrechenbaren Kosten als Grundlage der Honorarberechnung aus der Kostenberechnung zu ermitteln sind, die Kostenberechnung aber keinen höheren Genauigkeitsgrad als bis zur zweiten Stelle der jeweiligen Kostengruppennummer verlangt, können aus folgender Graphik alle für die Honorarberechnung für Gebäudeplanung relevanten Kosten herausgelesen werden:

HOAI		KG	Bezeichnung	wie anrechenbar
	F	100	Grundstück	grundsätzlich nicht
§ 32 Abs. 3	C	210	Herrichten	bedingt, aber wenn ja, dann voll
	F	220	öffentliche Erschließung	grundsätzlich nicht
§ 32 Abs. 3	C	230	nichtöffentliche Erschließung	leistungsabhängig bedingt, aber wenn ja, dann voll
	F	240	Ausgleichsabgaben	grundsätzlich nicht
	F	250	Übergangsmaßnahmen	grundsätzlich nicht
§ 32 Abs. 1	A	300	Baukonstruktion	immer, und immer: voll
§ 32 Abs. 2	B	400	Technische Anlagen	immer, aber ggf. voll, ggf. gemindert
§ 32 Abs. 4	D	500	Außenanlagen	wenn < 7.500 €: ja, wenn ≥ 7.500 €: nein
§ 32 Abs. 3	C	610	Ausstattung	bedingt, aber wenn ja, dann voll
§ 32 Abs. 3	C	620	Kunstwerke	bedingt, aber wenn ja, dann voll
	F	700	Baunebenkosten	grundsätzlich nicht
§ 4 Abs. 1	F		Mehrwertsteueranteile	grundsätzlich nicht

Aus § 4 HOAI ergibt sich, dass bestimmte **fiktive Kosten**, also solche, die nicht konkret anfallen und somit vom Architekten im Rahmen der Planung anhand von Erfahrungswerten prognostiziert werden, unter bestimmten Umständen zu **ortsüblichen Preisen** ebenfalls in die Bemessungsgrundlage für die Berechnung des Honorars für Leistungen für Gebäude einzusetzen sind:

Zitat:
§ 4 Anrechenbare Kosten:
(2) Als anrechenbare Kosten gelten ortsübliche Preise, wenn der Auftrageber
1. selbst Lieferungen oder Leistungen übernimmt,
2. von bauausführenden Unternehmen oder von Lieferanten sonst nicht übliche Vergütungen erhält,
3. Lieferungen oder Leistungen in Gegenrechnung ausführt oder
4. vorhandene oder vorbeschaffte Baustoffe oder Bauteile einbauen lässt.

Aufgrund dessen muss die oben gezeigte Graphik unter Umständen wie folgt ergänzt werden:

HOAI		KG	Bezeichnung
§ 4 Abs. 2 S. 1	E	300, 400, 500, 600	bei Eigenleistungen und Eigenlieferungen des AG
§ 4 Abs. 2 S. 2	E	300, 400, 500, 600	bei nicht sonst üblichen Vergünstigungen gegenüber dem AG
§ 4 Abs. 2 S. 3	E	300, 400, 500, 600	bei Lieferungen und Leistungen in Gegenrechnung
§ 4 Abs. 2 S. 4	E	300, 400, 500, 600	bei Einbau vorhandener oder vorbeschaffter Baustoffe oder Bauteile

Nicht ausdrücklich übernommen hat die HOAI 2009 die Regelung des alten § 10 Abs. 3a HOAI 1996, nach der die **technisch oder gestalterisch mitverarbeitete vorhandene Bausubstanz** mit angemessenen fiktiven Kosten zusätzlich in die Kostenprognosen (Kostenschätzung und Kostenberechnung) und damit auch in die Honorarbemessungsgrundlage eingestellt wurde.

In der Amtlichen Begründung zur HOAI 2009 aus der Bundesrats-Drucksache 395/09 vom 30.04.2009 heißt es hierzu:

Zitat:[13]
§ 35 bündelt die Vorschriften zu Umbauten und Modernisierungen der geltenden §§ 10 Abs. 3a, 24 [...] und regelt die Möglichkeit, Zuschläge für die Planung von Umbauten und Modernisierungen zu vereinbaren.
Die Regelung des bisherigen § 10 Absatz 3a hat in der Vergangenheit vielfach zu Rechtsstreitigkeiten geführt. Es wurde daher eine Zusammenführung der bisherigen Regelungen vorgenommen. Um auch Änderungen an der vorhandenen Bausubstanz in der Regel zum Umbauzuschlag mit zu erfassen, wurde zum einen die Definition der Umbauten in § 2 Num-

13 Amtliche Begründung zur HOAI 2009 aus der Bundesrats-Drucksache 395/09 vom 30.04.2009, zu § 35 HOAI 2009.

mer 6 weiter gefasst und die Marge, in der ein Zuschlag vereinbart werden kann, auf 20 bis 80 Prozent. statt bisher 20 bis 33 Prozent, erweitert.[14]

Zum Verständnis der Hintergründe ist auf die Entstehungsgeschichte des alten § 10 Abs. 3a HOAI einzugehen:

Die **HOAI 1985** regelte in Teil II § 10 Abs. 3 Nr. 4:

Zitat:
§ 10 Grundlagen des Honorars:
(3) Als anrechenbare Kosten [...] gelten die ortsüblichen Preise, wenn der Auftraggeber [...]
4. vorhandene oder vorbeschaffte Baustoffe oder Bauteile mitverarbeiten lässt. [...]

Sodann hat der BGH klargestellt, dass diese fiktiven Kosten ein fester Bestandteil der Bemessungsgrundlage des Architektenhonorars sind und deren Anrechnungsmöglichkeit mit der Möglichkeit, einen Umbauzuschlag zu berechnen, nichts zu tun hat:

Zitat:[15]
Soweit bei einem Umbau stehenbleibende Gebäudeteile mitverarbeitet werden, gelten die ortsüblichen Preise als anrechenbare Kosten i.S. des § 10 Abs. 3 Nr. 4 HOAI.
[...] Zutreffend nimmt das Berufungsgericht ferner an, dass der Wert der verbliebenen und mitverarbeiteten Bauteile nicht etwa deshalb außer Betracht zu bleiben hat, weil § 24 HOAI bei einem Umbau die Vereinbarung einer zusätzlichen Vergütung zulässt. Auch die Revision räumt ein, dass diese Vorschrift mit der Frage, welche Kosten anzurechnen sind und damit die Honorargrundlage bilden, nichts zu tun hat. [...]

Aufgrund dessen hat der Verordnungsgeber später **neben** dem oben zitierten § 10 Abs. 3 Nr. 4 zusätzlich die Regelung des § 10 Abs. 3a

Zitat:
§ 10 Grundlagen des Honorars:
(3a) Vorhandene Bausubstanz, die technisch oder gestalterisch mitverarbeitet wird, ist bei den anrechenbaren Kosten angemessen zu berücksichtigen. [...]

in die **HOAI 1988** aufgenommen und somit die grundlegende Sichtweise des BGH dahingehend übernommen, dass die fiktiven Kosten der mitverarbeiteten vorhandenen Bausubstanz
- dem Grunde nach in die anrechenbaren Kosten gehören,
- der Höhe nach aber nicht unter dem Ansatz ortsüblicher Preise, sondern lediglich in angemessener Höhe einzustellen sind.

Damit ist klar, dass die vorhandene mitverarbeitete Bausubstanz als Teil der Honorarbemessungsgrundlage „Anrechenbare Kosten" keine Berührungspunkte zur Thematik des Umbauzuschlags aufweist. Dies stellte der BGH in dem zuvor zitierten Urteil klar.[16]

Wenn der Verordnungsgeber nun den bisherigen § 10 Abs. 3a streicht und glaubt, diese Streichung durch einen höheren Umbauzuschlag auffangen zu können, negiert er die Feststellung des BGH. Während § 10 Abs. 3a HOAI a.F. den Umstand ausgleicht, dass der Architekt Bausubstanz planerisch und baukonstruktiv mitverarbeitet, ohne dass diese sich in der Form von echten Kosten niederschlägt, ist der Umbauzuschlag ein Regulativ, durch das die durch eine Umbaumaßnahme bedingten zusätzlichen leistungserschwerenden Kriterien berücksichtigt werden. Eine Zusammenfassung von § 10 Abs. 3a und § 24 HOAI a.F. ist somit gemessen an der zugrundeliegenden Thematik nicht zweckdienlich.

Die HOAI 2009 legt in § 6 Abs. 1 Nr. 1 in Verbindung mit § 4 Abs. 1 fest, dass das Honorar auf der Grundlage der Kostenberechnung nach der DIN 276 Ausgabe 2008 zu berechnen ist.

14 Durch den Verweis in § 53 Abs. 3 auf § 35 gilt dies auch für die Technische Ausrüstung.
15 BGH, Urteil vom 19.06.1986 – VII ZR 260/84. Leitsatz zitiert nach BauR 1986, S. 593 ff.
16 BGH, Urteil vom 19.06.1986 – VII ZR 260/84.

Da dort bei den Grundsätzen der Kostenplanung, unter 3.3.6 DIN 276 Ausgabe 2008 bestimmt ist, dass der Wert vorhandener Bausubstanz und wieder verwendeter Teile auch in die jeweiligen Kostengruppennummern aufzunehmen ist,

> **Zitat:**
> DIN 276 2008 Teil 3 Nr. 3.3.6: Vorhandene Bausubstanz und wieder verwendete Teile
> Der Wert der vorhandenen Bausubstanz und wieder verwendeter Teile ist bei den betreffenden Kostengruppen gesondert auszuweisen.

und die HOAI 2009 in §§ 32 und 52 bei der Anrechenbarkeit der Baukonstruktion (Kostengruppe 300) und der Technischen Anlagen (Kostengruppe 400) keine weitere Differenzierung vornimmt, gehören diese Kosten, das heißt die tatsächlich für neue Bauteile neu anfallenden, wie auch die fiktiven Kosten der wiederverwendeten Bauteile zur Bemessungsgrundlage des Architekten- bzw. Ingenieurhonorars.

Bei logischer Betrachtungsweise muss damit die Regelung des § 10 Abs. 3a HOAI 1996 noch weiter ausgelegt werden als bisher. Denn unter den Begriff „wiederverwendete Teile" des Punktes 3.3.6 der DIN 276 Ausgabe 2008 sind nicht nur die Kosten der Baukonstruktionen und Technischen Anlagen, sondern auch diejenigen der Ausstattung, Kunstwerke und Außenanlagen zu subsumieren.

Zusammenfassend kann somit festgestellt werden, dass die (technisch oder gestalterisch) wieder- oder mitverarbeitete Bausubstanz

- schon vor dem Zeitraum 01.04.1988, als der § 10 Abs. 3a HOAI der Fassungen 1988, 1991 und 1996 noch nicht expressis verbis in der HOAI stand, aufgrund des BGH-Urteils mit fiktiven Kosten in die Bemessungsgrundlage des Architektenhonorars eingesetzt werden konnte,
- während des Zeitraums vom 01.04.1988 bis zum 17.08.2009, in dem § 10 Abs. 3a HOAI ausdrücklich in der HOAI ausgewiesen war, selbstverständlich für die Honorarbemessung heranzuziehen war und
- auch ab dem 18.08.2009 logischerweise mit fiktiven Kosten über die DIN 276 Ausgabe 2008 die Höhe des Architektenhonorars beeinflusst, obwohl § 10 Abs. 3a HOAI a.F. nicht mehr in der HOAI ausgewiesen ist.

Dass der Verordnungsgeber dies im Rahmen der HOAI 2009 möglicherweise anders sehen wollte, muss dahinstehen. Nimmt man die Verordnung wörtlich, kann eine andere Auslegung dieses Berechnungssystems nicht erfolgen.

Um jedoch von vornherein Unklarheiten hinsichtlich der Berücksichtigung der mitverarbeiteten Bausubstanz zu vermeiden, sollten die Vertragsparteien diesbezüglich klare vertragliche Regelungen treffen und deren Anrechenbarkeit im Einzelfall individuell vereinbaren.

Anrechenbare Kosten für das Ingenieurhonorar für die Technische Ausrüstung:

Die oben dargestellte Systematik, nach welcher zu untersuchen ist, inwieweit die Herstellungskosten für das Planerhonorar anrechenbar sind, gilt modifiziert ebenso für die Berechnung des Honorars für den **Freianlagenplaner** und ähnlich auch für den **Tragwerksplaner**. Für den **Fachingenieur für technische Anlagen** stellt sich die Situation jedoch anders dar.

Zum einen sind in der Regel sämtliche Herstellungskosten der technischen Anlage für das Honorar anrechenbar, so dass eine Gliederung der Herstellungskosten im Hinblick auf die

- volle,
- bedingte und
- ggf. verminderte

Anrechenbarkeit zur Ermittlung der anrechenbaren Kosten, d.h. der Honorarbemessungsgrundlage, nicht erforderlich ist,

Zum anderen ist gemäß § 52 Abs. 1 HOAI nicht jede Anlage als separate Abrechnungseinheit zu betrachten, sondern es müssen gegebenenfalls die Kosten mehrerer Anlagen einer Anlagengruppe zusammengefasst werden.

Welche Anlagenarten jeweils zu einer Anlagengruppe zusammen zu fassen sind, ergibt sich aus § 51 HOAI, welcher die Anlagengruppen
1. Abwasser-, Wasser- und Gasanlagen,
2. Wärmeversorgungsanlagen,
3. Lufttechnische Anlagen,
4. Starkstromanlagen,
5. Fernmelde- und informationstechnische Anlagen,
6. Förderanlagen,
7. nutzungsspezifische Anlagen, einschließlich maschinen- und elektrotechnische Anlagen in Ingenieurbauwerken sowie
8. Gebäudeautomation

auflistet.

Unklar, und bisher weder von der Literatur noch von den Gerichten abschließend ausdiskutiert, ist die Frage, wie die Bestimmungen der Absätze 1 und 2 des § 52 HOAI zu verstehen sind. Einerseits gilt im Ausgangspunkt der Trennungsgrundsatz des § 11 Abs. 1 HOAI, wonach das Honorar für verschiedene Objekte getrennt zu berechnen ist. Andererseits sind gemäß § 52 Abs. 2 HOAI die Kosten mehrerer Anlagen für die Honorarberechnung zusammenzufassen. Da die Diskussion dieser Thematik den Rahmen dieses Handbuchs sprengen würde, haben sich die Autoren dafür entschieden, dieses Thema später zu gegebener Zeit umfassend zu behandeln.

zu Ziffer 7.4.3.2 Honorarzone

Während das Kriterium Anrechenbare Kosten einen die **Quantität** berücksichtigenden Honorarbemessungsfaktor darstellt, geht das Kriterium Honorarzone auf die Planungsanforderungen des Auftraggebers ein und bildet somit einen Bemessungsfaktor, der den **Schwierigkeitsgrad** und den Qualitätsanspruch an die Planung berücksichtigt.

Die HOAI 2009 hat den Honorarberechnungsparameter Honorarzone unverändert aus der HOAI 1996 übernommen und bestimmt in § 5 Abs. 4

Zitat:

§ 5 Honorarzonen:

(4) Die Honorarzonen sind anhand der Bewertungsmerkmale in den Honorarregelungen der jeweiligen Leistungsbilder der Teile 2 bis 4 zu ermitteln. Die Zurechnung der einzelnen Honorarzonen ist nach Maßgabe der Bewertungsmerkmale, gegebenenfalls der Bewertungspunkte und anhand der Regelbeispiele in den Objektlisten der Anlage 3 vorzunehmen.

Generell ist die Honorarzone für die Vertragsparteien **nicht dispositiv**. Sie ist nach den in der HOAI dargestellten Bewertungsmerkmalen gemessen am jeweiligen Schwierigkeitsgrad und Qualitätsanspruch **objektiv festzulegen**.

Anlage 3 zu § 5 Abs. 4 Satz 2 HOAI nimmt unter Ziffer 3.6 für die Anlagen der Technischen Ausrüstung eine Einteilung in drei Honorarzonen vor, indem bestimmte Ausprägungen der einzelnen Anlagenarten beschrieben werden.

Wird die zu beurteilende Anlage in der Objektliste unter Ziffer 3.6 der Anlage 3 aufgeführt oder kann sie anhand der genannten Ausprägungen eindeutig zugeordnet werden, so erübrigt sich normalerweise eine genauere Betrachtung nach den Vorgaben von § 5 Abs. 4 und § 54 Abs. 2 und Abs. 3 HOAI.

Kann die zu beurteilende Anlage nicht direkt über einen Vergleich mit den Regelobjekten aus Anlage 3 einer Honorarzone zugeordnet werden, so muss auf der Grundlage von § 5 Abs. 4 und § 54 Abs. 2 und Abs. 3 HOAI eine genauere Beurteilung durch Betrachtung einzelner Bewertungsmerkmale erfolgen. Dies kann anhand nachstehender Tabelle erfolgen.

Bewertungsmerkmale nach Planungsanforderungen:	**Bewertung der Planungsanforderungen nach Schwierigkeitsgrad:**		
	gering	durchschnittlich	hoch
Anzahl der Funktionsbereiche		**X**	
Integrationsansprüche		**X**	
Technische Ausgestaltung	**X**		
Anforderungen an die Technik			**X**
Konstruktive Anforderungen		**X**	
	I	**II**	**III**
	HONORARZONE		

Schwierigkeitsgrad	Bewertungsmerkmale	Honorarzone
gering	1 x	I
durchschnittlich	3 x	II
hoch	1 x	III

Im Ergebnis überwiegt eine Honorarzone, hier die Honorarzone II, welche daher maßgebend ist.

Liegt jedoch kein eindeutiger Schwerpunkt vor und bestehen deswegen Zweifel, welcher Honorarzone die Anlage zuzuordnen ist, so ist für die Zuordnung der Trend der Gesamtbewertung ausschlaggebend. Hierzu drei Beispiele:

Beispiel 1:

Bewertungsmerkmale nach Planungsanforderungen:	**Bewertung der Planungsanforderungen nach Schwierigkeitsgrad:**		
	gering	durchschnittlich	hoch
Anzahl der Funktionsbereiche		**X**	
Integrationsansprüche		**X**	
Technische Ausgestaltung	**X**		
Anforderungen an die Technik			**X**
Konstruktive Anforderungen	**X**		
	I	**II**	**III**
	HONORARZONE		

Schwierigkeitsgrad	Bewertungsmerkmale	Honorarzone
gering	2 x	I
durchschnittlich	2 x	II
hoch	1 x	III

Im Ergebnis wurden Honorarzone I und II gleich häufig benannt, zusätzlich liegt aber ein Bewertungsmerkmal in Honorarzone III. Hieraus ergibt sich ein Trend nach oben und infolgedessen **Honorarzone II.**

Beispiel 2:

Bewertungsmerkmale nach Planungsanforderungen:	**Bewertung der Planungsanforderungen nach Schwierigkeitsgrad:**		
	gering	durchschnittlich	hoch
Anzahl der Funktionsbereiche		**X**	
Integrationsansprüche		**X**	
Technische Ausgestaltung	**X**		
Anforderungen an die Technik			**X**
Konstruktive Anforderungen			**X**
	I	**II**	**III**
	HONORARZONE		

Schwierigkeitsgrad	Bewertungsmerkmale	Honorarzone
gering	1 x	I
durchschnittlich	2 x	II
hoch	2 x	III

Im Ergebnis wurden Honorarzone II und III gleich häufig benannt, zusätzlich liegt aber ein Bewertungsmerkmal in Honorarzone I. Hieraus ergibt sich ein Trend nach unten und infolgedessen **Honorarzone II.**

Beispiel 3:

Bewertungsmerkmale nach Planungsanforderungen:	**Bewertung der Planungsanforderungen nach Schwierigkeitsgrad:**		
	gering	durchschnittlich	hoch
Anzahl der Funktionsbereiche			**X**
Integrationsansprüche		**X**	
Technische Ausgestaltung	**X**		
Anforderungen an die Technik			**X**
Konstruktive Anforderungen	**X**		
	I	**II**	**III**
	HONORARZONE		

Schwierigkeitsgrad	Bewertungsmerkmale	Honorarzone
gering	2 x	I
durchschnittlich	1 x	II
hoch	2 x	III

Im Ergebnis wurden Honorarzone I und II gleich häufig benannt, zusätzlich liegt aber ein Bewertungsmerkmal in Honorarzone II. Hieraus ergibt sich weder ein Trend zu Honorarzone I noch zu Honorarzone III. Im vorliegenden Fall ist daher die **Honorarzone II** anzunehmen.

zu Ziffer 7.4.3.3 Honorarsatz

Die beiden zuvor benannten Honorarbemessungsparameter
- Anrechenbare Kosten und
- Honorarzone

reichten dem Verordnungsgeber als Berechnungsfaktoren nicht aus, um danach jedes denkbar mögliche Architekten- oder Ingenieurhonorar angemessen und individuell der jeweiligen Aufgabenstellung entsprechend ausgewogen festlegen zu können. Zur weiteren Differenzierung wurde ein weiterer Faktor, der
- **Honorarsatz**

eingeführt.

Die HOAI 2009 hat das Prinzip, dass die Parteien bei Auftragserteilung einen Honorarsatz vereinbaren können, der sich im Rahmen der Mindest- und Höchstsätze bewegt, aus der HOAI 1996 übernommen. In § 7 Abs. 1 HOAI 2009 heißt es:

> **Zitat:**
> § 7 Honorarvereinbarung:
> (1) Das Honorar richtet sich nach der schriftlichen Vereinbarung, die die Vertragsparteien bei Auftragserteilung im Rahmen der durch diese Verordnung festgesetzten Mindest- und Höchstsätze treffen.

Für die Vereinbarung eines vom Mindestsatz abweichenden Honorarsatzes ist diese Vorschrift, die schon in den Zeiten der Vorgängerfassungen der HOAI selten beachtet wurde, von wesentlicher Bedeutung. Sie hat zur Folge, dass eine Honorarsatzvereinbarung, die

- nicht schriftlich getroffen wird, keine Rechtswirkung entfaltet, da es an der Schriftform fehlt,
- zwar schriftlich, aber nicht bei Auftragserteilung, beispielsweise erst später, nach einer mündlichen oder konkludent zustande gekommenen Beauftragung getroffen wird, ebenso nicht rechtswirksam werden kann, da nicht auf den maßgeblichen Zeitpunkt „bei Auftragserteilung“ geachtet worden ist.

Der Honorarsatz soll **unabhängig von der Honorarzonenbestimmung anhand erschwerender aufwandsbezogener Einflussgrößen** aus

- Standort,
- Zeit,
- Umwelt,
- Institutionen und
- Nutzung

gefunden werden.

Der Autor R. Eich hat im Rahmen eines Arbeitskreises im Bundesministerium für Raumordnung, Bauwesen und Städtebau zur Novellierung der RBBau-Vertragsmuster für Leistungen bei Gebäuden eine Liste von aufwandsbezogenen Kriterien entwickelt, anhand derer ein der jeweiligen Situation entsprechender angemessener Honorarsatz gefunden werden kann. Für Planungsleistungen der Technischen Ausrüstung ist nachfolgend eine entsprechende Liste für die Ermittlung eines angemessenen Honorarsatzes für den Fachingenieur dargestellt.

	Erschwerende Aufwandskriterien:	**ja**	**nein**
1	Vielzahl von parallel arbeitenden Fachplanern		
2	nicht mögliche synchrone Planung mit Fachplanern		
3	erschwerte Trassenführungsbedingungen		
4	kurze Planungszeiten		
5	verbindliche Festtermine		
6	erschwerte Überwachungsbedingungen vor Ort		
7	Eigenleistungen des AG		
8	Umweltschutzauflagen		
9	neue Herstellungsverfahren		
10	abschnittsweise Inbetriebnahme		
∑	**Gesamtpunktzahl**		

Punkte				Honorarsatz
0 bis 1 Punkt	von 10 möglichen Punkten	(hier ankreuzen)		Mindestsatz
2 bis 3 Punkte		(hier ankreuzen)		Viertelsatz
4 bis 6 Punkte		(hier ankreuzen)		Mittelsatz
7 bis 8 Punkte		(hier ankreuzen)		Dreiviertelsatz
9 bis 10 Punkte		(hier ankreuzen)		Höchstsatz

Durch Ankreuzen der Ja-Spalte ergibt sich bei Aufaddieren eine Punktezahl, die in Bezug auf die individuelle Aufgabenstellung einen ausgewogenen Honorarsatz generiert.

zu Ziffer 7.4.3.4 Leistungsumfang

In der Regel werden Ingenieurverträge in vollem Umfang an einen Auftragnehmer beauftragt. Es ist aber auch Praxis, das gesamte Leistungsspektrum in kleineren Teilaufträgen zu vergeben, sei es

- an einen Auftragnehmer stufenweise zeitlich versetzt oder
- an mehrere Auftragnehmer in sinnvollen Teilabschnitten verteilt.

Dem hat der Verordnungsgeber Rechnung getragen und hat die von ihm als Grundleistungen bezeichneten Arbeitsschritte eines vollen Ingenieurvertrags in neun Phasen gebündelt und diese in § 53 HOAI mit Prozentpunkten belegt.

Eine tiefergehende Unterteilung dieser Leistungsphasen bis hin zu den einzeln benannten Grundleistungen nahm er nicht vor. Eine nach Ansicht der Autoren praxisbezogene und sinnvolle Bewertung der einzelnen Arbeitsschritte des Ingenieurs kann, wie in Kapitel 7 dargestellt, vorgenommen werden.

zu Ziffer 7.4.4 Vergütung der Besonderen Leistungen

Reichen die in Anlage 14 zu § 53 Abs. 1 HOAI aufgeführten Grundarbeitsschritte zur Herbeiführung des werkvertraglich geschuldeten Erfolgs nicht aus und müssen besondere Leistungen im Sinne des § 3 Abs. 3 HOAI 2009 erbracht werden, so können für diese, wenn sie nicht an Stelle der Grundleistungen, sondern zusätzlich notwendig sind, besondere Honoraranteile vereinbart werden.

Für eine solche Vereinbarung ist im Gegensatz zu § 5 Abs. 4 HOAI a.F. die Schriftform nicht mehr erforderlich, sie kann gemäß § 3 Abs. 3 HOAI 2009 nun gänzlich frei getroffen werden. Aus Gründen der Rechtssicherheit raten die Autoren jedoch dringend an, hierfür ein Zeithonorar oder eine Pauschale schriftlich zu vereinbaren.

zu Ziffer 7.4.5 Vergütung der zusätzlichen Leistungen

Eine Vergütung für solche Leistungen kann völlig frei vereinbart werden. Es ist sinnvoll, diese entweder als zusätzlichen Prozentsatz eines vollen Werklohns zu definieren oder sie in Form einer Pauschalen schriftlich festzulegen.

zu Ziffer 7.4.6 Vergütung der Mehraufwendungen bedingt durch

zu Ziffer 7.4.6.1 Auftragsteilung in zwei oder mehrere Ingenieurteilaufträge

Das Aufteilen eines Ingenieurvertrags in einzelne Teile und deren getrennte Vergabe an zwei oder mehrere Auftragnehmer führt grundsätzlich zu Reibungsverlusten. Hierbei ist aber zu unterscheiden, ob in sich abgerundete Planungspakete phasenweise vergeben, oder nur einzelne Arbeitsschritte aus einer Leistungsphase herausgegriffen und an verschiedene Planer beauftragt werden.

Beispiel:
Es wird beauftragt

- Ingenieur A mit den Planungsstufen 1 und 2 (analog Leistungsphasen 1-4 gemäß § 53 HOAI) mit der Planung einer Anlage und der Klärung deren Genehmigungsfähigkeit einschließlich der erforderlichen Zuarbeiten für den Architekten,
- Ingenieur B mit Planungsstufe 3 (analog Leistungsphasen 5-7 gemäß § 53 HOAI) mit der Realisierungsplanung, inklusive der Erstellung der Vergabeunterlagen für sein Fachgebiet,
- Ingenieur C mit Planungsstufe 4 (analog Leistungsphase 8 gemäß § 53 HOAI) mit der Bauleitung.

Alle drei Arbeitspakete führen gemeinsam zu dem vom Auftraggeber erwarteten Erfolg, der mangelfreien und voll funktionierenden Anlage.

Die Ingenieure B und C können im Prinzip davon ausgehen, dass der von den Vorgängern in Hinblick auf das vom Auftraggeber bestellte Werk jeweils phasenbezogen geschuldete Erfolg abgerundet und abnehmbar im Sinne des BGB erbracht wird und können diese einzelnen in sich abgerundeten Planungsergebnisse additiv durch Aneinanderfügen zu einem Gesamtergebnis bringen.

Um mit der Arbeit überhaupt beginnen zu können, muss der jeweils nachfolgende Ingenieur sich vorerst in die Arbeit seines Vorgängers, auf die er aufsetzen muss, einarbeiten. Dieses Sicheinarbeiten, und die damit zwingend vorzunehmende verantwortliche Prüfung der Planungsergebnisse des/der Vorgänger(s) auf die uneingeschränkte Tauglichkeit, binden Arbeitszeiten, die allein aufgrund der getrennten Auftragsvergabe an verschiedene Planer anfallen und deren Vergütung von der HOAI nicht berücksichtigt werden.

zu Ziffer 7.4.6.2 Auftragsteilung innerhalb von Leistungsphasen

Beispiel:
Es wird beauftragt
- Ingenieur A mit den Planungsstufen 1–2 (analog Leistungsphasen 1-4 gemäß § 53 HOAI) mit der Planung einer Anlage und der Klärung deren Genehmigungsfähigkeit einschließlich der erforderlichen Zuarbeiten für den Architekten,
- Ingenieur B mit der Kostenschätzung aus Planungsstufe 1 (analog Leistungsphase 2 gemäß § 53 HOAI) und der Kostenberechnung aus Planungsstufe 2 (analog Leistungsphase 3+4 gemäß § 53 HOAI), jeweils bezogen auf die technische Anlage.

Dieser Fall ist anders gelagert, als der unter 7.4.6.1 beschriebene. Hier geht es nicht um das Sich-Einarbeiten, sondern um das Einarbeiten diverser Planungsteile anderer Planer in das eigene Planungskonzept, damit daraus erst ein phasenbezogener gemeinsamer Erfolg entstehen kann. Allein diesen Fall spricht § 8 Abs. 2 letzter Satz HOAI an.

In beiden Fällen gibt die HOAI keine konkreten Vergütungsregelungen vor. Hier sind die Parteien gehalten, eine angemessene Vergütungsgröße in Form eines Prozentsatzes oder einer Vergütungspauschalen zu vereinbaren.

zu Ziffer 7.4.6.3 Planungszeitverlängerung

Wird der Ingenieur in Erfüllung seiner werkvertraglichen Verpflichtungen während der Planung und/oder Bauleitung durch den Auftraggeber behindert, so steht ihm ein Ersatz für die ihm dadurch entstandenen Kosten zu. Wichtig ist aber auch, eine Kostenersatzregelung zu finden für den Fall, dass nicht der Auftraggeber selbst, sondern ein vom Auftraggeber im Rahmen der Baumaßnahme vertraglich eingebundener Dritter, wie z.B. der Architekt oder der Tragwerksplaner, zu denen der Ingenieur kein eigenständiges Vertragsverhältnis hat, für die Behinderung verantwortlich ist. Hier sollte sich der Auftraggeber bereit finden, diesen Anspruch gegen sich gelten zu lassen, da nur er die Möglichkeit hat, auf den Verursacher zurückzugreifen.

zu Ziffer 7.4.6.4 Bauleitungszeitverlängerung

Wie zu 7.4.6.3.

zu Ziffer 7.4.7 Umbau- und Modernisierungszuschlag

Nach § 24 Abs. 1 HOAI 1996 galt ab durchschnittlichem Schwierigkeitsgrad auch ohne Schriftform ein Umbauzuschlag von 20 % als vereinbart. Ein darüber hinaus gehender Zuschlag,
- bei Honorarzone I, II und III begrenzt auf 33 %,
- bei Honorarzone IV und V aber nicht begrenzt,

konnte schriftlich vereinbart werden.

Die HOAI 2009 hat das Prinzip des Umbau- und Modernisierungszuschlags in § 35 Abs. 1, der durch Verweis in § 53 Abs. 3 auch für die Technische Ausrüstung gilt, übernommen, den Umbauzuschlag aber generell auf ein Höchstmaß von 80 % begrenzt.

Zitat:
§ 35 Leistungen im Bestand:
(1) Für Leistungen bei Umbauten und Modernisierungen kann für Objekte ein Zuschlag bis zu 80 % vereinbart werden. [...].

Im Gegensatz zur alten Fassung der HOAI gilt nach der HOAI 2009 nun bei fehlender Schriftform nicht erst ab durchschnittlichem Schwierigkeitsgrad, also ab Honorarzone III, sondern schon ab Honorarzone II ein Umbauzuschlag von 20 % als vereinbart.

Zitat:
§ 35 Leistungen im Bestand:
(1) [...] Sofern kein Zuschlag schriftlich vereinbart ist fällt für Leistungen ab der Honorarzone II ein Zuschlag von 20 Prozent an.

Nach folgendem Schema der Autoren ergibt sich durch Ankreuzen (1 x oder 2 xx, je nach individueller Gewichtung durch die Vertragsparteien) der Zeilen 1 bis 15 in der Liste der leistungserschwerenden Kriterien[17] aus der folgenden Bewertungstabelle ein bauvorhabengerechter Umbauzuschlag.

	Leistungserschwerende Kriterien: je nach Gewichtung 1 x oder 3 xxx pro Zeile vergeben	**x bis xxx**
1	Behinderung des Planungskonzepts durch bauliche Gegebenheiten	
2	Behinderung des Bauablaufs durch bauliche Gegebenheiten	
3	Nutzung des Gebäudes während der Planungszeit	
4	Nutzung des Gebäudes während der Bauzeit	
5	Nutzung der Technischen Anlagen während der Planungszeit	
6	Nutzung der Technischen Anlagen während der Umbauzeit	
7	aufwendige Einweisungsnotwendigkeit der Handwerker	
8	Restaurierungspflicht denkmalgeschützter technischen Anlagen	
9	u.U. weitere Kriterien	
10	u.U. weitere Kriterien	
∑	Gesamtpunktzahl	

Bewertungstabelle: Umbauzuschlag bei verschiedenen Honorarzonen:		
bei Anzahl der xxx	**Zuschlag bei Honorarzone I**	**Zuschlag ab Honorarzone II**
0 x	0,0 %	20,0 %
1 bis 3 x	10,0 %	30,0 %
4 bis 6 x	20,0 %	40,0 %
7 bis 9 x	30,0 %	50,0 %
10 bis 12 x	40,0 %	60,0 %
13 bis 15 x	50,0 %	70,0 %
16 bis 18 x	60,0 %	80,0 %
19 bis 21 x	70,0 %	gedeckelt bei 80,0 %
22 und mehr	80,0 %	gedeckelt bei 80,0 %

Als Umbauzuschlag gilt als vereinbart: .... %

17 Die Liste der leistungserschwerenden Kriterien kann bei Bedarf jederzeit erweitert werden.

zu Ziffer 7.4.8 Instandhaltungs- und Instandsetzungszuschlag

Nach § 36 Abs. 1 HOAI 2009, der auch für die Technischen Anlagen Gültigkeit hat, kann für Leistungen bei Instandhaltungen und Instandsetzungen das Bauüberwachungshonorar über die Erhöhung der Wertigkeit der Leistungsphase 8 um bis zu 50 % erhöht werden.

> **Zitat:**
> § 36 Instandhaltungen und Instandsetzungen:
> (1) Für Leistungen bei Instandhaltungen und Instandsetzungen von Objekten kann vereinbart werden, den Prozentsatz für die Bauüberwachung um bis zu 50 Prozent zu erhöhen.

Dies ist kein Honorarzuschlag, wie beispielsweise der Umbauzuschlag, sondern eine Erhöhung des Prozentsatzes der Leistungsphase 8 von 33 %-Punkten auf bis zu 49,5 %-Punkte.[18] Die Erhöhung stellt daher eine Überschreitung des Mindestsatzes dar und kann aufgrund dessen gemäß § 7 Abs. 6 HOAI nur schriftlich und bei Auftragserteilung rechtswirksam vereinbart werden.

Einer Begründung bedarf die Erhöhung an sich nicht. Da die HOAI jedoch keine Kriterien für die Ermittlung der Erhöhung ausweist, geben die Autoren angelehnt an die Bewertungstabelle für den Umbauzuschlag ein Schema vor, das den Parteien bei der Vertragsgestaltung als Hilfsmittel dienen kann.

Nach folgendem Schema der Autoren ergibt sich durch Ankreuzen (1 x bis zu 3 xx, je nach individueller Gewichtung durch die Vertragsparteien) der Zeilen 1 bis 8 in der Liste der leistungserschwerenden Kriterien[19] aus der folgenden Bewertungstabelle ein bauvorhabengerechter Instandhaltungs- bzw. Instandsetzungszuschlag.

	Leistungserschwerende Kriterien: je nach Gewichtung 1 x oder 3 xxx pro Zeile vergeben	**x bis xxx**
1	Behinderung des Planungskonzepts durch bauliche Gegebenheiten	
2	Behinderung des Bauablaufs durch bauliche Gegebenheiten	
3	Nutzung des Gebäudes während der Planungszeit	
4	Nutzung des Gebäudes während der Bauzeit	
5	Nutzung der Technischen Anlagen während der Planungszeit	
6	Nutzung der Technischen Anlagen während der Umbauzeit	
7	aufwendige Einweisungsnotwendigkeit der Handwerker	
8	Restaurierungspflicht denkmalgeschützter Technischen Anlagen,	
9	u.U. weitere Kriterien	
10	u.U. weitere Kriterien	
∑	Gesamtpunktzahl	

Durch die Gewichtung der leistungserschwerenden Kriterien ergeben sich .... Kreuze

Anzahl der Ankreuzungen											
0	1-2	3-4	5-6	7-8	9-10	11-12	13-14	15-16	17-18	19-20	≥ 21
↓	↓	↓	↓	↓	↓	↓	↓	↓	↓	↓	↓
33,0	34,5	36,0	37,5	39,0	40,50	42,0	43,5	45,0	46,5	48,0	49,5
Prozentpunkte											

und somit eine Erhöhung der Bewertung der Leistungsphase 8 von 33 % auf .... %.

18 Die Erhöhungsmöglichkeit des Prozentsatzes der Leistungsphase 8 bedeutet, dass maximal das 1,5-fache von 33%-Punkten, d. h. 33 %-Punkte x 1,5 = 49,5 %-Punkte, vereinbart werden kann.

19 Die Liste der leistungserschwerenden Kriterien kann bei Bedarf erweitert werden.

zu Ziffer 8 Zusätzliche Vertragsvereinbarungen

zu Ziffer 8.1 Nebenkosten

Der Auftragnehmer hat prinzipiell Anspruch auf Ersatz der Nebenkosten, die bei Erfüllung seines Werkvertrags angefallenen sind, da diese nicht von seinem Werklohn abgedeckt sind.

Sie sind gemäß § 14 Abs. 3 HOAI 2009 nach Einzelnachweisen abzurechnen, wenn nicht eine andere Abrechnungsweise schriftlich vereinbart worden ist.

Da sich die Abwicklung eines Ingenieurvertrags oft über mehrere Jahre hin erstreckt und das Sammeln aller angefallenen Nebenkostenbelege oft Schwierigkeiten bereitet, ist es in vielen Fällen sinnvoll, hierfür eine Pauschale oder einen am vollen Honorar orientierten Prozentsatz zu vereinbaren. Zu Bedenken ist jedoch, dass eine solche Vereinbarung nur rechtsgültig wird, wenn sie in Schriftform und bei Auftragserteilung erfolgt ist.

zu Ziffer 8.2 Zahlungen

In § 15 Abs. 2 HOAI 2009 wird darauf hingewiesen, dass in angemessenen zeitlichen Abständen oder nach vereinbarten Zeitpunkten für nachgewiesene Leistungen Abschlagszahlungen gefordert werden können. Diese Möglichkeit wird gedeckt durch § 632 a BGB, nach dem vor Erfüllung des Werkvertrags für in sich abgeschlossene Teile des Werks eine angemessene Teilvergütung verlangt werden kann.

Es wird dringend angeraten, Honoraranteile grundsätzlich nur in Form von **Abschlagszahlungsanforderungen** oder **nach vollkommener Erfüllung des Vertrags** im Rahmen einer **Schlussrechnung** abzurufen. Eine **Teilschlussrechnung** sollte nie gestellt werden, da hieran, wie die Praxis vor Gericht lehrt, später über § 242 BGB eine sich für den Auftragnehmer oftmals negativ auswirkende Bindungswirkung festgemacht werden kann.

zu Ziffer 8.3 Umsatzsteuer

Dieser Absatz erklärt sich selbst.

zu Ziffer 8.4 Haftpflichtversicherung

Jeder freiberuflich Tätige muss eine Haftpflichtversicherung nachweisen, die ggf. auf die jeweilige Vertragssituation individuell angepasst werden sollte. Die Deckungssumme sollte grundsätzlich in einem angemessenen Verhältnis zur Größe des jeweiligen Auftrags stehen.

zu Ziffer 8.5 Vorzeitige Beendigung des Vertrags

Nach Ansicht der Autoren sind die Folgen einer vorzeitigen Beendigung des Vertrags ausreichend gesetzlich geregelt, so dass es nicht notwendig ist, neben den gesetzlichen Regelungen weitere individuelle Kündigungsregelungen einzuführen.

zu Ziffer 8.6 Urheberrecht des Ingenieurs

Dieser Absatz erklärt sich selbst.

zu Ziffer 8.7 Schlussbestimmungen

Dieser Absatz erklärt sich selbst.

zu Ziffer 9 Zusätzliche individuelle Vereinbarungen

Dieser Absatz erklärt sich selbst.

zu Ziffer 10 Beurkundung durch die Vertragsparteien

Das Werkvertragsverhältnis kann aufgrund der Vertragsgestaltungsfreiheit auch in mündlicher Form rechtsgültig geschlossen werden. Da bei Ingenieurverträgen im Normalfall die HOAI in das Vertragsverhältnis eingreift und für gewisse Fallgestaltungen zwingend die Schriftform vorschreibt, muss **Schriftform in Urkundenform** gewahrt sein. Man bedenke auch, dass die Schriftform allein nicht immer ausreichend ist, um Honorarvereinbarungen rechtsgültig zu treffen. Manche Honorarparameter, beispielsweise

- Vereinbarungen oberhalb des Mindestsatzes und
- Pauschalvereinbarungen

müssen **bei Auftragserteilung schriftlich** erfolgt sein, um als rechtsgültig vereinbart gelten zu können. Dabei ist zu bedenken, dass der Zeitpunkt des Vertragsschlusses durch das Datum der letzten Unterschrift festgelegt wird. Dieser Zeitpunkt definiert damit den Zeitpunkt der Auftragserteilung.

zu Ziffer 11 Schiedsvereinbarung

Die Autoren empfehlen beiden Vertragsparteien, bei Streitigkeiten nicht sofort ein Gericht anzurufen. Sie haben als Schiedsrichter über 160 Schiedsgerichts- und Schlichtungsverfahren abgewickelt und können aus Erfahrung sagen, dass diese außergerichtlichen Verfahren weit schneller und kostengünstiger als ein Klageverfahren ablaufen, wenn sie von nachweislich HOAI-erfahrenen Fachleuten geführt werden. Die Parteien können hierzu einen Fachmann ihres Vertrauens bestimmen.

Es ist anzuraten, dass aus Kostengründen vorerst ein Zweier-Schiedsverfahren installiert wird. Können die beiden Schiedsrichter sich nicht einigen, bestellen diese im Namen der zu schlichtenden Parteien eine(n) Obfrau/Obmann, damit eine ungleiche Anzahl von entscheidenden Stimmen eine Einigung gewährleistet.

Prüffähige Honorarrechnung

Erläuterung zur Musterrechnung

Erläuterung zur Musterrechnung

Die beispielhaft für die Anlagengruppe der Abwasser-, Wasser- und Gasanlagen erstellte Musterrechnung basiert auf folgenden fiktiven Annahmen:

- Beauftragung: nach dem 17.08.2009
- Vertragsumfang: Planung und Bauleitung
- Leistungsumfang: Stufen 1 bis 4, analog Leistungsphasen 1 bis 8 gemäß § 53 Abs. 1 HOAI: insgesamt 97 %
- Stufe 5, analog Leistungsphase 9 gemäß § 53 Abs 1 HOAI wurde nicht beauftragt
- Honorarzone: II
- Honorarsatz: Mittelsatz, schriftlich bei Auftragserteilung vereinbart
- Nebenkosten: 5 % des Nettohonorars, schriftlich bei Auftragserteilung vereinbart
- Umbauzuschlag: 25 %

- Nicht übliche Vergünstigungen durch Bauunternehmer: 5.000 € brutto
- Eigenleistungen (Montage vorbeschaffter Sanitärobjekte): 4.000 € brutto
- Vorbeschaffte Sanitärobjekte: 6.000 € brutto
- Mitverarbeitete vorhandene Bausubstanz der Kostengruppe 410 (Hebeanlage): 5.000 € brutto

Im folgenden Rechnungsmuster sind alle von den Autoren fiktiv eingesetzten Angaben, beispielsweise
- Rechnungsnummer,
- Projektnummer,
- Datum,
- Adresse,
- Umsatzsteueridentitätsnummer,
- variablen Honorarberechnungsparameter, wie
- Anspruchsgrundlage,
- Honorarberechnungsgrundlage,
- anrechenbare Kosten,
- Honorarzone,
- Honorarsatz,
- Leistungsumfang,
- Nebenkostenvereinbarung,
- Umbauzuschlag,
- Umsatzsteuersatz und
- alle Rechenergebnisse

zur besseren Übersicht blau gekennzeichnet. Alle diese Angaben sind vom Ingenieur auf sein jeweiliges Projekt bezogen individuell zu ändern.

Die Autoren haben in den letzten Jahren einige hundert Rechnungen für Architekten und Ingenieure erstellt und diesen jeweils die entsprechenden Erläuterungen, wie im Anschluss dargestellt, angefügt. Ihres Wissens wurde keine dieser Rechnungen, auf die später vor Gericht eine Honorarklage gestützt wurde, von den Gerichten als nichtprüffähig bezeichnet. Aufgrund ihrer langjährigen Gerichtserfahrung raten sie somit, jeder Honorarrechnung erläuternde Anlagen beizufügen, damit die Nachvollziehbarkeit aller Berechnungsparameter für den Rechnungsempfänger gewährleistet ist.

Fehlen solche Erklärungen, kann
- die Rechnung fast immer als nicht prüffähig zurückgewiesen und
- der Honoraranspruch somit nicht fällig gestellt werden.

Musterrechnung

Herrn
Dr. Peter **Mustermann**
Musterstraße 1

34567 Musterstadt

Honorarrechnung[20]

Rechnung:	lfd.Nr.	Projekt:	Ust-IdNr.:	Datum:	Signum:
	00001 (bei Überweisung mit angeben)	B1638-1	DE 184690529	??.??.??	???

Projekt: **Planung der Abwasser-, Wasser- und Gasanlagen**
Bauvorhaben Umbau Ärztehaus in 34567 Musterhausen

Sehr geehrter **Herr Dr. Mustermann**,

nach Erfüllung unseres Vertrags vom 19.08.2009 im Zeitraum von ??.??.?? bis ??.??.?? überreichen wir Ihnen beiliegende Rechnung. Zur besseren Nachvollziehbarkeit unserer Rechnungslegung sind alle Parameter, wie Honoraranspruchsgrundlage, Honorarberechnungsgrundlage und Fachbegriffe aus dem Preisrecht HOAI in beiliegender Anlage erläutert.

Honorar netto:	=	**37.724,43 €**
zzgl. 5 % Nebenkosten:	=	**1.886,22 €**
Zwischensumme:	=	**39.610,65 €**
abzgl. Abschlagszahlung Nr. 1 vom ??.??.?? netto		4.201,68 €
abzgl. Abschlagszahlung Nr. 2 vom ??.??.?? netto		4.201,68 €
Restanspruch (netto):	=	**31.207,29 €**
zuzüglich 19 % Mehrwertsteuer in Höhe von	=	**5.929,39 €**
Restanspruch (brutto):		**37.136,68 €**

Es wird gebeten, den Rechnungsbetrag von:	**37.136,68 €**
unter Bezug auf die Rechnungsnummer (lfd.Nr.-Projekt):	**00001-B1638-1**
auf unser Konto:	**205 655 000**
Bank:	**Volksbank Musterhofen**
Bankleitzahl:	**611 665 00**
bis zum:	**??.??.????**
zu überweisen.	

Mit freundlichem Gruß

Architekt **Musterplaner**

Gemäß § 14b Abs. 1 Satz 5 Umsatzsteuergesetz besteht die Verpflichtung, diese Rechnung zwei Jahre lang aufzubewahren. Die Frist beginnt mit dem Schluss des Kalenderjahres, in dem die Rechnung ausgestellt wurde. Es ist darauf hinzuweisen, dass ein zahlungspflichtiger Rechnungsempfänger gemäß § 268 Abs. 3 BGB in Verzug kommt, wenn er die Zahlung nicht innerhalb von 30 Tagen nach Fälligkeit und Zugang der Rechnung leistet. Eine Geldschuld ist während des Verzugs mit 5 Prozent über dem Basiszinssatz zu verzinsen.

20 In diesem Rechnungsmuster sind alle von den Autoren fiktiv eingesetzten Angaben, wie Rechnungsnummer, Projektnummer, Datum, Postleitzahlen, Umsatzsteuer-Identitätsnummer, variablen Honorarberechnungsparameter und Rechenergebnisse individuell zu ändern.

6.2

Leistungsbild:	**Fachplanung für Abwasser-, Wasser- und Gasanlagen**
Vertragsgrundlage:	**Schriftvertrag vom 19.08.2009**
Berechnungsgrundlage:	**HOAI 2009**
Vertragsgegenstand:	**Umbau Ärztehaus in 34567 Musterhausen**
Berechnungskriterien:	

- **Leistungsumfang** der Beauftragung laut Vertrag: **97 %**
  gemessen an § 33 Abs. 1 wie folgt:

1.	Grundlagenermittlung	3 %
2.	Vorplanung	11 %
3.	Entwurfsplanung	15 %
4.	Genehmigungsplanung	6 %
5.	Ausführungsplanung	18 %
6.	Vorbereitung der Vergabe	6 %
7.	Mitwirkung bei der Vergabe	5 %
8.	Objektüberwachung	33 %
6.	Objektbetreuung und Dokumentation	0 %
Gesamt		**97 %**

- **Honorarzone** laut Vertrag: **II**
- **Honorarsatz** laut Vertrag: **Mittelsatz**
- **Anrechenbare Kosten** nach Kostenberechnung: **142.857,13 €**
- **Zuschlagsvereinbarung** laut Vertrag: **25 % des Nettohonorars**
- **Nebenkostenvereinbarung** laut Vertrag: **5 % des Nettohonorars**

Honorarberechnung (Honorartafel des § 54 Abs. 1 unter Berücksichtigung von § 13):

bei 100.000,00 € = 21.839 + (82.834 – 21.839) : 2 = 24.164,50 €
bei 150.000,00 € = 29.252 + (35.290 – 29.252) : 2 = 32.271,00 €
bei 42.857,13 € = 24.164,50 €

$$+ \frac{(142.857,13 - 100.000,00) \times (32.271,00 - 24.164,50)}{(150.000,00 - 100.000,00)} = 6.948,43\ €$$

Honoraranspruch:	100 %	=	31.112,93 €
hiervon Leistungsumfang:	97 %	=	30.179,54 €
zuzüglich Umbauzuschlag:	25 %	=	7.544,89 €
Zwischensumme:		=	37.724,43 €
zuzüglich Nebenkosten:	5 %	=	1.886,22 €
Zwischensumme:		=	39.610,65 €
zuzüglich Mehrwertsteuer:	19 %	=	7.526,02 €
Endsumme:		=	**47.136,67 €**

Erläuterungen zur Honorarrechnung

1. Anspruchsgrundlage

Anspruchsgrundlage für die vorliegende Honorarforderung ist der schriftliche Vertrag, der bei Auftragserteilung am 19.08.2009 geschlossen worden ist.

2. Honorarberechnungsgrundlage

Entsprechend dem Ingenieurvertrag vom 19.08.2009 erfolgte die Auftragserteilung nach dem 18.08.2009 und somit innerhalb des Gültigkeitszeitraumes der HOAI 2009.

3. Honorarberechnungskriterien

3.1 Leistungsumfang der Beauftragung

Der Leistungsumfang ergibt sich regelmäßig aus der vertraglichen Vereinbarung, in der der werkvertraglich geschuldete Erfolg definiert wurde. Die vertragliche Vereinbarung ist an den in der HOAI aufgestellten Leistungsbildern abzugleichen und ein entsprechender Vomhundertsatz in die Honorarberechnung einzustellen.

Aus dem Leistungsbild der Fachplanung bei der technischen Ausrüstung wurden die Leistungen für die Planung und die Bauleitung in Auftrag gegeben. Die Nachsorgeleistungen analog Objektbetreuung und Dokumentation wurden nicht beauftragt. Abgeglichen an § 53 HOAI bedeutet das einen Leistungsumfang von 97 %, der sich wie folgt darstellt:

Leistungsphasen		laut § 53 HOAI	beauftragt	erbracht
1	Grundlagenermittlung	3 %	3 %	3 %
2	Vorplanung	11 %	11 %	11 %
3	Entwurfsplanung	15 %	15 %	15 %
4	Genehmigungsplanung	6 %	6 %	6 %
5	Ausführungsplanung	18 %	18 %	18 %
6	Vorbereitung der Vergabe	6 %	6 %	6 %
7	Mitwirkung Vergabe	5 %	5 %	5 %
8	Objektüberwachung	33 %	33 %	33 %
9	Objektbetreuung und Dokumentation	3 %	0 %	0 %
1-9	**Gesamt:**	**100 %**	**97 %**	**97 %**

3.2 Honorarzone

Im Architektenvertrag vom 19.08.2009 ist die Honorarzone II schriftlich vereinbart. Eine solche Vereinbarung ist gültig, sofern diese Festlegung nicht gegen die Mindest- bzw. Höchstsatzbestimmung der HOAI in Verbindung mit Artikel 10 § 1 und 2 MRVG verstößt. Eine Kontrolle hierüber ist in vorliegendem Fall auf der Grundlage von § 54 Abs. 2 und 3 HOAI 2009 erfolgt.

Bewertungsmerkmale nach Planungsanforderungen:	Bewertung der Planungsanforderungen nach Schwierigkeitsgrad:		
	gering	durchschnittlich	hoch
Anzahl der Funktionsbereiche		X	
Integrationsansprüche		X	
Technische Ausgestaltung	X		
Anforderungen an die Technik			X
Konstruktive Anforderungen			X
	I	II	III
	HONORARZONE		

Schwierigkeitsgrad	Bewertungsmerkmale	Honorarzone
gering	1 x	I
durchschnittlich	2 x	II
hoch	2 x	III

Im Ergebnis wurden Honorarzone II und III gleich häufig benannt, zusätzlich liegt aber ein Bewertungsmerkmal in Honorarzone I. Hieraus ergibt sich ein Trend nach unten und infolgedessen **Honorarzone II.**

3.3 Honorarsatz

Im Ingenieurvertrag vom 19.08.2009 wurde der **Mittelsatz** vereinbart. Da diese Vereinbarung **bei Auftragserteilung in Schriftform** getroffen wurde, sind die Voraussetzungen des § 7 Abs. 1 HOAI eingehalten und der Mittelsatz ist somit rechtsgültig.

3.4 Anrechenbare Kosten

3.4.1 Herstellungskosten

Die auf der Grundlage der **Entwurfsplanung** ermittelten **Herstellungskosten**, die nach Gewerken und/oder Grobelementen ausgewiesen wurden, werden nachfolgend den Kostengruppen (KG) der DIN-276 in der Fassung von Dezember 2008 zugeordnet, um die Anrechenbaren Kosten für die Honorarbemessung HOAI-konform errechnen zu können:

Bezeichnung	**Bruttobetrag in €**	**KG**
Abwasseranlagen	80.000,00	411
Wasseranlagen	40.000,00	412
Gasanlagen	30.000,00	413
Summe der prognostizierten Kosten laut Kostenberechnung	**150.000,00**	

Nach Ende der Baumaßnahme musste festgestellt werden, dass gemäß der Honorarberechnungssystematik der HOAI weitere fiktive Kosten in die Honorarbemessungsgrundlage wie folgt eingestellt werden müssen (§ 4 Abs. 2 HOAI):

Bezeichnung	Bruttobetrag in € Ansatz mit ortsüblichen Preisen	KG[21]
Nicht übliche Vergünstigungen durch Bauunternehmer	5.000,00	418
Eigenleistungen des AG (Montage vorbeschaffter Sanitärobjekte)	4.000,00	418
Vorbeschaffte Sanitärobjekte	6.000,00	418
Mitverarbeitete Bausubstanz (Hebeanlage)	5.000,00	418
Summe der fiktiven Kosten	**20.000,00**	
Summe der prognostizierten und fiktiven Kosten:	**170.000,00**	

§ 6 Abs. 1 HOAI bestimmt, dass sich das Honorar für die Leistungen die Fachplanung für die Technische Ausrüstung

- nach der Kostenberechnung, die auf der Grundlage der Entwurfsplanung, oder soweit diese aufgrund des Planungsfortschritts noch nicht vorliegt,
- nach der Kostenschätzung, die auf der Grundlage der Vorplanung erfolgt,

zu richten hat.

Die soeben ermittelten Herstellungskosten stellen sich nach der Systematik der **DIN 276**, Ausgabe Dezember 2008, wie folgt dar:

KG	Bezeichnung	brutto €	MWSt. €	netto €
200	**Herrichten und Erschließen**			
230	**Nichtöffentliche Erschließung**			
∑ 230	**Gesamtsumme Kostengruppe 230**			
400	**Bauwerk – Technische Anlagen**			
410	**Abwasser-, Wasser-, Gasanlagen**			
411	Abwasserleitungen	80.000,00	12.773,11	67.226,89
412	Wasserleitungen und Sanitärobjekte	40.000,00	6.386,56	33.613,44
412	Eigenleistungen Montage Sanitärobjekte	4.000,00	638,66	3.361,34
412	vorbeschaffte Sanitärobjekte	6.000,00	957,98	5.042,02
412	mitverarbeitete Hebeanlage	5.000,00	798,32	4.201,68
413	Gasanlagen	30.000,00	4.789,92	25.210,08
∑ 410	**Abwasser-, Wasser-, Gasanlagen**	**165.000,00**	**26.344,55**	**138.655,45**
420	**Wärmeversorgungsanlagen**			
422	Heizleitungen			
423	Heizkörper			
∑ 420	**Wärmeversorgungsanlagen**			
430	**Lufttechnische Anlagen**			
431	Lüftungsanlagen			
∑ 430	**Lufttechnische Anlagen**			
440	**Starkstromanlagen**			
444	Elektrokabel			
445	Einbauleuchten			
446	Blitzschutz			
∑ 440	**Starkstromanlagen**			
450	**Fernmelde- u. informationstechn. Anlagen**			
452	Türsprechanlage			
455	Fernsehanlagen			
456	Brandschutzanlage			
∑ 450	**Fernmelde- u. informationstechn. Anlagen**			
460	**Förderanlagen**			
461	Personenaufzug			
∑ 460	**Förderanlagen**			

6.2

21 Gemäß 3.3.6 der Grundsätze der Kostenplanung der DIN 276, Fassung Dezember 2008, ist der Wert der vorhandenen Bausubstanz und wiederverwendeter Teile bei den betreffenden Kostengruppen gesondert auszuweisen.

470	**Nutzungsspezifische Anlagen**			
471	Anlage zur Getränkezubereitung			
475	Sprinkleranlage			
478	Abfallentsorgungsanlage			
478	Staubsauganlage			
∑ 470	**Nutzungsspezifische Anlagen**			
480	**Gebäudeautomation**			
490	**Sonst. Maßnahmen für technische Anlagen**			
499	nicht übliche Vergünstigungen	5.000,00	798,32	4.201,68
∑ 490	**Sonst. Maßnahmen für technische Anlagen**	**5.000,00**	**798,32**	**4.201,68**
∑ 400	**Gesamtsumme Kostengruppe 400**	**170.000,00**	**27.142,87**	**142.857,13**

500	**Außenanlagen**			
540	**Technische Anlagen in Außenanlagen**			
541	Abwasseranlagen			
542	Wasseranlagen			
543	Gasanlagen			
544	Wärmeversorgungsanlagen			
545	Lufttechnische Anlagen			
546	Starkstromanlagen			
547	Fernmelde- und informationstechn. Anlagen			
548	Nutzungsspezifische Anlagen			
549	Techn. Anlagen in Außenanlagen, sonstiges			
∑ 540	**Gesamtsumme Kostengruppe 540**			

3.4.2 Anrechenbare Kosten Abwasser-, Wasser- und Gasanlagen

Gemäß § 52 Abs. 1 HOAI richtet sich das Honorar für Leistungen bei der Technischen Ausrüstung nach den Anrechenbaren Kosten der Anlagen einer Anlagengruppe, welche in voller Höhe anrechenbar sind. Nicht anrechenbar sind gemäß § 52 Abs. 3 HOAI hingegen die Kosten für die nichtöffentliche Erschließung und die Technischen Anlagen in Außenanlagen, soweit diese weder geplant, noch deren Ausführung überwacht wurde. Da derartige Kosten in der obigen Kostenermittlung nicht enthalten sind und die entsprechenden Maßnahmen nicht geplant oder in der Ausführung überwacht wurden, sind die dort ermittelten Kosten in voller Höhe anrechenbar. Die Anrechenbaren Kosten betragen daher **142.857,13 €**.

3.5 Umbauzuschlag

Gemäß § 35 Abs. 1 HOAI, der durch den Verweis in § 53 Abs. 3 HOAI auch bei der technischen Ausrüstung gilt, sind die Honorare bei Umbauten und Modernisierungen im Sinne des § 2 Nr. 6 und 7 mit der Maßgabe zu ermitteln, dass eine Erhöhung der Honorare um einen Vomhundertsatz schriftlich zu vereinbaren ist. Bei der Vereinbarung der Höhe des Zuschlags ist insbesondere der Schwierigkeitsgrad der Leistungen zu berücksichtigen. Es kann ein Zuschlag von bis zu 80 Prozent vereinbart werden. Sofern nicht etwas anderes schriftlich vereinbart ist, gilt ab Honorarzone II ein Zuschlag von 20 Prozent als vereinbart.

Vorliegend wurde im schriftlichen Architektenvertrag vom 19.08.2009 ein Umbauzuschlag von **25 %** des Nettohonorars vereinbart.

3.6 Nebenkosten

Gemäß § 14 Abs. 3 HOAI können Nebenkosten entweder pauschal oder nach Einzelnachweis abgerechnet werden. Nebenkosten sind nach Einzelnachweis abzurechnen, sofern nicht bei Auftragserteilung eine pauschale Abrechnung schriftlich vereinbart wurde.

Vorliegend wurde im schriftlichen Architektenvertrag vom 19.08.2009 eine Nebenkostenpauschale in Höhe von **5 %** des Nettohonorars vereinbart.

3.7 Umsatzsteuer

Gemäß § 16 Abs. 1 HOAI hat der Auftragnehmer Anspruch auf Ersatz der gesetzlich geschuldeten Umsatzsteuer.

Die Höhe des zu berücksichtigenden Mehrwertsteuersatzes hängt von dem Zeitpunkt der Leistungserbringung ab, d.h. dem Zeitpunkt der frühest möglichen Rechnungsstellung, unabhängig von dem Zeitpunkt der tatsächlichen Rechnungsstellung. Dieser Zeitpunkt ist bei einem Werkvertrag grundsätzlich erst mit der vollständigen Erfüllung der vertraglich geschuldeten Leistung oder bei Beendigung des Vertragsverhältnisses gegeben. Der derzeit geltende Mehrwertsteuersatz liegt bei **19 %**.

4 Honorarberechnung

Die Honorartafel des § 54 HOAI weist für Anrechenbare Kosten zwischen 5.113 € und 3.834.689 € für die drei Honorarzonen das Honorar für einen Vollauftrag jeweils nach Mindestsatz und Höchstsatz aus.

4.1 Interpolation zwischen Mindest- und Höchstsatz

Das Honorar für den **Mittelsatz** ergibt sich aus:

Honorar für den Mindestsatz + 50 % aus der Differenz der Honorare von Höchst- und Mindestsatz.

So ergeben sich bei Honorarzone II und Anrechenbaren Kosten von 100.000 € bzw. 150.000 € Mittelsätze in Höhe von:

Anrechenbare Kosten	Berechnung des Mittelsatzhonorars
100.000,00	21.839 + (26.490 - 21.839) x 50 % = **24.164,50 €**
150.000,00	29.252 + (35.290 - 29.252) x 50 % = **32.271,00 €**

6.2

4.2 Interpolation zwischen den Tafelwerten

Das Honorar für Zwischenstufen der Tabellenwerte der Anrechenbaren Kosten errechnet sich wie folgt:

? € = a + (b * c) : d
? € = gesuchtes Honorar
a = Honorar des nächstniedrigeren Wertes der Anrechenbaren Kosten
b = Differenz zwischen den tatsächlich Anrechenbaren Kosten und dem nächstniedrigeren Wert der Anrechenbaren Kosten
c = Differenz der Honorare für die nächsthöheren und nächstniedrigeren Anrechenbaren Kosten
d = Differenz der in der Tabelle nacheinander genannten Anrechenbaren Kosten

So ergibt sich die in der Rechnung dargestellte Honorarberechnung für Anrechenbare Kosten laut Kostenanschlag in Höhe von **142.857,13 €** wie folgt:

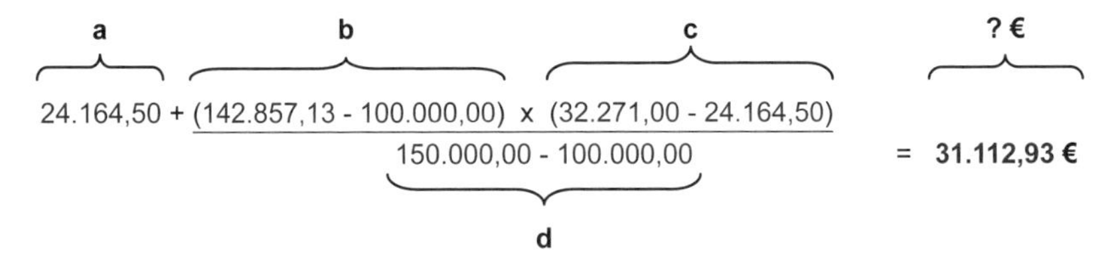

Bewertung der Leistungen

Bewertung der Leistungen

Die HOAI unterteilt das Leistungsbild der Technischen Ausrüstung in neun Leistungsphasen. Diesen ordnet sie unterschiedlich viele sogenannte Leistungen zu, die sie dann in Relation zu einem vollen Ingenieurauftrag zwar nicht einzeln, aber leistungsphasenbezogen summarisch wie folgt gewichtet:

Leistungsphasen		Gewichtung
1.	Grundlagenermittlung	3,0 %
2.	Vorplanung	11,0 %
3.	Entwurfsplanung	15,0 %
4.	Genehmigungsplanung	6,0 %
5.	Ausführungsplanung	18,0 %
6.	Vorbereitung der Vergabe	6,0 %
7.	Mitwirkung bei der Vergabe	5,0 %
8.	Objektüberwachung – Bauüberwachung	33,0 %
9.	Objektbetreuung und Dokumentation	3,0 %
Gesamt		100,0 %

Die HOAI setzt damit Honoraranteile ins Verhältnis zum Planungsaufwand, bindet Honorar an reine Planungshandlungen, an Arbeitsschritte, an Tätigkeiten und verletzt dabei das grundlegende Werkvertragsprinzip, dass der Werklohn für den Erfolg steht und nicht für die Arbeit.

Dies verleitet die Auftraggeberseite oftmals dazu, trotz eingetretenen Werkerfolgs Honoraranteile einzubehalten, wenn Arbeitsgänge und reine Planungsschritte, die als Leistungen im Leistungsbild der Technischen Ausrüstung in Anlage 14 zu § 53 Abs. 1 HOAI aufgezählt sind, erkennbar nicht erbracht worden sind. Die Autoren halten dies für grundlegend falsch.

Anstatt das Pferd von hinten aufzuzäumen ist zunächst die Frage zu stellen, was bei einem Ingenieurvertrag von den Vertragsparteien geschuldet ist.

Vollauftrag

Ergeht ein Vollauftrag an den Ingenieur und ist der geschuldete Werkerfolg herbeigeführt, so steht dem Ingenieur ein volles, auf der Grundlage der HOAI-Systematik errechnetes 100%iges Honorar zu.

Teilauftrag

Teilauftrag nach Leistungsphasen

Grundsätzlich ist es dem Bauherrn möglich, Aufträge nicht nur in Gänze, sondern auch in Teilen zu vergeben.

Wird ein Auftrag exakt an den Schnittstellen der neun Leistungsphasen gestückelt und vergeben, so hat sich die Höhe der Vergütung für den jeweiligen Teilauftrag an den von der HOAI vorgegebenen Honoraranteilen zu orientieren. Unter der hypothetischen Annahme, die vom Verordnungsgeber vorgenommene Gewichtung der Leistungsphasen sei ausgewogen,[22] ist ein angemessenes Honorar somit bestimmt.

22 Die Erfahrung hat gelehrt, dass die in der HOAI dargestellte Phasenbewertung nicht praxisbezogen ist. Hierüber soll jedoch an dieser Stelle nicht diskutiert werden.

Teilauftrag kleinteiliger als nach Leistungsphasen

Der Bauherr ist bei der Auftragsvergabe nicht an die Vorgaben der Leistungsphasenteilung gebunden, sondern kann die Unterteilung beliebig verfeinern. Da die HOAI jedoch keine kleinteiligere Honorardifferenzierung als die Einteilung in die neun Leistungsphasen aufweist, stehen bei Fällen mit derartiger Vertragsgestaltung über die Gebührenordnung keine Vorgaben für eine ausgewogene leistungsbezogene Honorierung zur Verfügung.

Da es hierfür aber Bedarf gab, entstanden folgerichtig im Laufe der Jahre verschiedene Splittingtabellen, so beispielsweise diejenigen von Steinfort oder Pott/Dahlhoff/Kniffka, die in diesem Punkt Hilfestellung boten.

Jedoch ist eine starre Prozentbewertung der Leistungen absolut nicht praxisbezogen, da sie das Wesentliche im Planungs- und Bauprozess, die individuelle Bandbreite der Gewichtung der einzelnen Leistungen von Fall zu Fall, ignoriert. Die einzelnen Planungsschritte sind nie gleich gewichtig. Sie schwanken in ihrer Bedeutung und können im Einzelfall überproportional wichtig, aufwendig und erfolgsrelevant werden. In anderen Fällen kann ihre Bewertung aber auch gegen Null gehen.

Manche Splittingtabellen berücksichtigen zwar eine Bewertungsbandbreite der einzelnen Arbeitsschritte, schließen deren Bewertung mit Null aber aus. Dies ist zu kurz gegriffen.

Es gibt immer wieder Fälle, in denen gewisse Arbeitsschritte extrem unwichtig sind und zur Herbeiführung des vertraglich geschuldeten Erfolgs nicht erbracht werden müssen oder können. Wie sollte der Ingenieur beispielsweise bei Vorverhandlungen mit Behörden mitwirken, wenn sich bei der Aufgabenstellung in keiner Weise die Frage nach der Genehmigungspflicht oder Genehmigungsfähigkeit stellt? In einem solchen Fall muss die entsprechende Leistung logischerweise mit 0 % bewertet werden können. Würde sie mit einem Wert über 0 % bewertet, hätte dies einen ungerechtfertigten Honorarabzug zur Folge.

Hierauf nimmt die nachfolgende Tabelle von Eich/Eich Rücksicht.

Wenn bei der Gestaltung des Ingenieurvertrags einzelne Planungsleistungen entweder von der Beauftragung ausgenommen oder eigenständig beauftragt werden, muss selbstverständlich das Planerhonorar dementsprechend angeglichen werden. Dies kann unter Zuhilfenahme der folgenden Tabelle geschehen.

Leistungen[23] bei der Technischen Ausrüstung nach Anlage 14 zu § 53 Abs. 1 HOAI

Gewichtung der Arbeitsschritte (nach Eich/Eich) in Prozentpunkten

Lph. 1	Grundlagenermittlung	von bis	Ø i.M.
1.a	Klären der Aufgabenstellung der Technischen Ausrüstung im Benehmen mit dem Auftraggeber und dem Objektplaner, insbesondere in technischen und wirtschaftlichen Grundsatzfragen	2,70 2,90	2,80
1.b	Zusammenfassen der Ergebnisse	0,10 0,30	0,20
∑ 1	**Leistungsphase 1 gesamt**		**3,00**

Lph. 2	Vorplanung (Projekt- und Planungsvorbereitung)	von bis	Ø i.M.
2.a	Analyse der Grundlagen	0,30 0,50	0,40
2.b	Erarbeiten eines Planungskonzepts mit überschlägiger Auslegung der wichtigen Systeme und Anlagenteile einschließlich Untersuchung der alternativen Lösungsmöglichkeiten nach gleichen Anforderungen mit skizzenhafter Darstellung zur Integrierung in die Objektplanung einschließlich Wirtschaftlichkeitsvorbetrachtung	2,00 6,00	4,00
2.c	Aufstellen eines Funktionsschemas beziehungsweise Prinzipschaltbildes für jede Anlage	0,40 1,00	0,70
2.d	Klären und Erläutern der wesentlichen fachspezifischen Zusammenhänge, Vorgänge und Bedingungen	2,00 3,00	2,50
2.e	Mitwirken bei Vorverhandlungen mit Behörden und anderen an der Planung fachlich Beteiligten über die Genehmigungsfähigkeit	0,40 1,00	0,70
2.f	Mitwirken bei der Kostenschätzung, bei Anlagen in Gebäuden: nach DIN 276	2,00 3,00	2,50
2.g	Zusammenstellen der Vorplanungsergebnisse	0,10 0,30	0,20
∑ 2	**Leistungsphase 2 gesamt**		**11,00**

23 Die in der HOAI als **„Leistungen"** bezeichneten **Einzeltätigkeiten** sind besser als Arbeitsschritte zu bezeichnen, da sie im Sinne des Werkvertragsrechts nicht erfolgsorientiert, sondern im Prinzip tätigkeitsbezogen sind.

Lph. 3	Entwurfsplanung (System- und Integrationsplanung)	von bis	Ø i.M.
3.a	Durcharbeiten des Planungskonzepts (stufenweise Erarbeitung einer zeichnerischen Lösung) unter Berücksichtigung aller fachspezifischen Anforderungen sowie unter Beachtung der durch die Objektplanung integrierten Fachplanungen bis zum vollständigen Entwurf	2,00 3,00	2,50
3.b	Festlegen aller Systeme und Anlagenteile	4,00 5,00	4,50
3.c	Berechnung und Bemessung sowie zeichnerische Darstellung und Anlagenbeschreibung	1,00 2,00	1,50
3.d	Angabe und Abstimmung der für die Tragwerksplanung notwendigen Durchführungen und Lastangaben (ohne Anfertigen von Schlitz- und Durchbruchsplänen)	2,00 4,00	3,00
3.e	Mitwirken bei Verhandlungen mit Behörden und anderen an der Planung fachlich Beteiligten über die Genehmigungsfähigkeit	0,40 1,20	0,80
3.f	Mitwirken bei der Kostenrechnung, bei Anlagen in Gebäuden: nach DIN 276	2,00 3,00	2,50
3.g	Mitwirken bei der Kostenkontrolle durch Vergleich der Kostenberechnung mit der Kostenschätzung	0,10 0,30	0,20
∑ 3	**Leistungsphase 3 gesamt**		**15,00**

Lph. 4	Genehmigungsplanung	von bis	Ø i.M.
4.a	Erarbeiten der Vorlagen für die nach den öffentlich-rechtlichen Vorschriften erforderlichen Genehmigungen oder Zustimmungen einschließlich der Anträge auf Ausnahmen und Befreiungen sowie noch notwendiger Verhandlungen mit Behörden	5,00 6,00	5,50
4.b	Zusammenstellen dieser Unterlagen	0,00 0,20	0,10
4.c	Vervollständigen und Anpassen der Planungsunterlagen, Beschreibungen und Berechnungen	0,00 0,80	0,40
∑ 4	**Leistungsphase 4 gesamt**		**6,00**

Lph. 5	Ausführungsplanung	von bis	Ø i.M.
5.a	Durcharbeiten der Ergebnisse der Leistungsphasen 3 und 4 (stufenweise Erarbeitung und Darstellung der Lösung) unter Berücksichtigung aller fachspezifischen Anforderungen sowie unter Beachtung der durch die Objektplanung integrierten Fachleistungen bis zur ausführungsreifen Lösung	4,00 8,00	6,00
5.b	Zeichnerische Darstellung der Anlagen mit Dimensionen (keine Montage- und Werkstattzeichnungen)	6,00 8,00	7,00
5.c	Anfertigen von Schlitz- und Durchbruchsplänen	0,00 4,00	2,00
5.d	Fortschreibung der Ausführungsplanung auf den Stand der Ausschreibensergebnisse	1,00 5,00	3,00
∑ 5	**Leistungsphase 5 gesamt**		**18,00**

Lph. 6	Vorbereitung der Vergabe	von bis	Ø i.M.
6.a	Ermitteln von Mengen als Grundlage für das Aufstellen von Leistungsverzeichnissen in Abstimmung mit Beiträgen anderer an der Planung fachlich Beteiligter	0,00 4,00	2,00
6.b	Aufstellen von Leistungsbeschreibungen mit Leistungsverzeichnissen nach Leistungsbereichen	2,00 6,00	4,00
∑ 6	**Leistungsphase 6 gesamt**		**6,00**

Lph. 7	Mitwirkung bei der Vergabe	von bis	Ø i.M.
7.a	Prüfen und Werten der Angebote einschließlich Aufstellen eines Preisspiegels nach Teilleistungen	1,00 3,00	2,00
7.b	Mitwirken bei der Verhandlung mit Bietern und Erstellen eines Vergabevorschlages	0,20 0,40	0,30
7.c	Mitwirken beim Kostenanschlag aus Einheits- oder Pauschalpreisen der Angebote, bei Anlagen in Gebäuden: nach DIN 276	2,00 2,60	2,30
7.d	Mitwirken bei der Kostenkontrolle durch Vergleich des Kostenanschlags mit der Kostenberechnung	0,10 0,30	0,20
7.e	Mitwirken bei der Auftragserteilung	0,10 0,30	0,20
∑ 7	**Leistungsphase 7 gesamt**		**5,00**

Lph. 8	Objektüberwachung (Bauüberwachung)	von bis	Ø i.M.
8.a	Überwachen der Ausführung des Objektes auf Übereinstimmung mit der Baugenehmigung oder Zustimmung, den Ausführungsplänen, den Leistungsbeschreibungen oder Leistungsverzeichnissen sowie mit den allgemein anerkannten Regeln der Technik und den einschlägigen Vorschriften	10,00 20,00	15,00
8.b	Mitwirken bei dem Aufstellen und Überwachen eines Zeitplanes (Balkendiagramm)	0,20 0,60	0,40
8.c	Mitwirken bei dem Führen eines Bautagebuches	0,40 1,00	0,70
8.d	Mitwirken beim Aufmass mit den ausführenden Unternehmen	1,00 5,00	3,00
8.e	Fachtechnische Abnahme der Leistungen und Feststellen der Mängel	1,00 2,20	1,60
8.f	Rechnungsprüfung	7,00 9,00	8,00
8.g	Mitwirken bei der Kostenfeststellung, bei Anlagen in Gebäuden: nach DIN 276	0,50 1,50	1,00
8.h	Antrag auf behördliche Abnahmen und Teilnahme daran	0,00 1,20	0,60
8.i	Zusammenstellen und Übergeben der Revisionsunterlagen, Bedienungsanleitungen und Prüfprotokolle	0,50 1,50	1,00
8.j	Mitwirken beim Auflisten der Verjährungsfristen für Mängelansprüche	0,10 0,30	0,20
8.k	Überwachen der Beseitigung der bei der Abnahme der Leistungen festgestellten Mängel	0,00 2,40	1,20

8.l	Mitwirken bei der Kostenkontrolle durch Überprüfen der Leistungsabrechnung der bauausführenden Unternehmen im Vergleich zu den Vertragspreisen und dem Kostenanschlag	0,10 0,50	0,30
∑ 8	**Leistungsphase 8 gesamt**		**33,00**

Lph. 9	**Objektbetreuung und Dokumentation**	**von** **bis**	**Ø i.M.**
9.a	Objektbegehung zur Mängelfeststellung vor Ablauf der Verjährungsfristen für Mängelansprüche gegenüber den ausführenden Unternehmen	0,40 1,60	1,00
9.b	Überwachen der Beseitigung von Mängeln, die innerhalb der Verjährungsfristen für Mängelansprüche, längstens jedoch bis zum Ablauf von vier Jahren seit Abnahme der Leistungen auftreten	0,00 2,40	1,20
9.c	Mitwirken bei der Freigabe von Sicherheitsleistungen	0,10 1,10	0,60
9.d	Mitwirken bei der systematischen Zusammenstellung der zeichnerischen Darstellungen und rechnerischen Ergebnisse des Objekts.	0,10 0,30	0,20
∑ 9	**Leistungsphase 9 gesamt**		**3,00**

∑ 1-9	**Leistungsphasen 1-9 gesamt**		**100,00**

Auszug aus der HOAI 2009

Teil 1:
Allgemeine Vorschriften

Verordnung über die Honorare für Architekten- und Ingenieurleistungen (Honorarordnung für Architekten- und Ingenieure – HOAI)

Auf Grund der §§ 1 und 2 des Gesetzes zur Regelung von Ingenieur- und Architektenleistungen vom 4. November 1971, die durch Artikel 1 des Gesetzes vom 12. November 1984 (BGBl. I S. 1337) geändert worden sind, verordnet die Bundesregierung:

Teil 1 Allgemeine Vorschriften

§ 1 Anwendungsbereich

Diese Verordnung regelt die Berechnung der Entgelte für die Leistungen der Architekten und Architektinnen und der Ingenieure und Ingenieurinnen (Auftragnehmer oder Auftragnehmerinnen) mit Sitz im Inland, soweit die Leistungen durch diese Verordnung erfasst und vom Inland aus erbracht werden.

§ 2 Begriffsbestimmungen

Für diese Verordnung gelten folgende Begriffsbestimmungen:

1. „Objekte" sind Gebäude, raumbildende Ausbauten, Freianlagen, Ingenieurbauwerke, Verkehrsanlagen, Tragwerke und Anlagen der Technischen Ausrüstung;
2. „Gebäude" sind selbstständig benutzbare, überdeckte bauliche Anlagen, die von Menschen betreten werden können und geeignet oder bestimmt sind, dem Schutz von Menschen, Tieren oder Sachen zu dienen;
3. „Neubauten und Neuanlagen" sind Objekte, die neu errichtet oder neu hergestellt werden;
4. „Wiederaufbauten" sind vormals zerstörte Objekte, die auf vorhandenen Bau- oder Anlageteilen Bau- oder Anlageteilen wiederhergestellt werden; sie gelten als Neubauten, sofern eine neue Planung erforderlich ist;
5. „Erweiterungsbauten" sind Ergänzungen eines vorhandenen Objekts;
6. „Umbauten" sind Umgestaltungen eines vorhandenen Objekts mit Eingriffen in Konstruktion oder Bestand;
7. „Modernisierungen" sind bauliche Maßnahmen zur nachhaltigen Erhöhung des Gebrauchswertes eines Objekts, soweit sie nicht unter die Nummern 5, 6 oder Nummer 9 fallen;
8. „raumbildende Ausbauten" sind die innere Gestaltung oder Erstellung von Innenräumen ohne wesentliche Eingriffe in Bestand oder Konstruktion; sie können im Zusammenhang mit Leistungen nach den Nummern 3 bis 7 anfallen;
9. „Instandsetzungen" sind Maßnahmen zur Wiederherstellung des zum bestimmungsgemäßen Gebrauch geeigneten Zustandes (Soll-Zustandes) eines Objekts, soweit sie nicht unter Nummer 4 fallen oder durch Maßnahmen nach Nummer 7 verursacht sind;
10. „Instandhaltungen" sind Maßnahmen zur Erhaltung des Soll-Zustandes eines Objekts;
11. „Freianlagen" sind planerisch gestaltete Freiflächen und Freiräume sowie entsprechend gestaltete Anlagen in Verbindung mit Bauwerken oder in Bauwerken;
12. „fachlich allgemein anerkannte Regeln der Technik" sind schriftlich fixierte technische Festlegungen für Verfahren, die nach herrschender Auffassung der beteiligten Fachleute, Verbraucher und der öffentlichen Hand geeignet sind, die Ermittlung der anrechenbaren Kosten nach dieser Verordnung zu ermöglichen, und die sich in der Praxis allgemein bewährt haben oder deren Bewährung nach herrschender Auffassung in überschaubarer Zeit bevorsteht;

13. „Kostenschätzung“ ist eine überschlägige Ermittlung der Kosten auf der Grundlage der Vorplanung; sie ist die vorläufige Grundlage für Finanzierungsüberlegungen; ihr liegen Vorplanungsergebnisse, Mengenschätzungen, erläuternde Angaben zu den planerischen Zusammenhängen, Vorgängen und Bedingungen sowie Angaben zum Baugrundstück und zur Erschließung zu Grunde; wird die Kostenschätzung nach § 4 Abs. 1 Satz 3 auf der Grundlage der DIN 276, in der Fassung vom Dezember 2008 (DIN 276 - 1: 2008 - 12) erstellt, müssen die Gesamtkosten nach Kostengruppen bis zur ersten Ebene der Kostengliederung ermittelt werden;
14. „Kostenberechnung“ ist eine Ermittlung der Kosten auf der Grundlage der Entwurfsplanung; ihr liegen durchgearbeitete Entwurfszeichnungen oder auch Detailzeichnungen wiederkehrender Raumgruppen, Mengenberechnungen und für die Berechnung und Beurteilung der Kosten relevante Erläuterungen zugrunde; wird sie nach § 4 Abs. 1 Satz 3 auf der Grundlage der DIN 276 erstellt, müssen die Gesamtkosten nach Kostengruppen bis zur zweiten Ebene der Kostengliederung ermittelt werden;
15. „Honorarzonen“ stellen den Schwierigkeitsgrad eines Objektes oder einer Flächenplanung dar.

§ 3 Leistungen und Leistungsbilder

(1) Die Honorare für Leistungen sind in den Teilen 2 bis 4 dieser Verordnung verbindlich geregelt. Die Honorare für Beratungsleistungen sind in der Anlage 1 zu dieser Verordnung enthalten und nicht verbindlich geregelt.

(2) Leistungen, die zur ordnungsgemäßen Erfüllung eines Auftrags im Allgemeinen erforderlich sind, sind in Leistungsbildern erfasst. Andere Leistungen, die durch eine Änderung des Leistungsziels, des Leistungsumfangs, einer Änderung des Leistungsablaufs oder anderer Anordnungen des Auftraggebers erforderlich werden, sind von den Leistungsbildern nicht erfasst und gesondert frei zu vereinbaren und zu vergüten.

(3) Besondere Leistungen sind in der Anlage 2 aufgeführt, die Aufzählung ist nicht abschließend. Die Honorare für Besondere Leistungen können frei vereinbart werden.

(4) Die Leistungsbilder nach dieser Verordnung gliedern sich in die folgenden Leistungsphasen 1 bis 9:
   1. Grundlagenermittlung,
   2. Vorplanung,
   3. Entwurfsplanung,
   4. Genehmigungsplanung,
   5. Ausführungsplanung,
   6. Vorbereitung der Vergabe,
   7. Mitwirkung bei der Vergabe,
   8. Objektüberwachung (Bauüberwachung oder Oberleitung),
   9. Objektbetreuung und Dokumentation.

(5) Die Tragwerksplanung umfasst nur die Leistungsphasen 1 bis 6.

(6) Abweichend von Absatz 4 Satz 1 sind die Leistungsbilder des Teils 2 in bis zu fünf dort angegebenen Leistungsphasen zusammengefasst. Die Wirtschaftlichkeit der Leistung ist stets zu beachten.

(7) Die Leistungsphasen in den Teilen 2 bis 4 dieser Verordnung werden in Prozentsätzen der Honorare bewertet.

(8) Das Ergebnis jeder Leistungsphase ist mit dem Auftraggeber zu erörtern.

§ 4 Anrechenbare Kosten

(1) Anrechenbare Kosten sind Teil der Kosten zur Herstellung, zum Umbau, zur Modernisierung, Instandhaltung oder Instandsetzung von Objekten sowie den damit zusammenhängenden Aufwendungen. Sie sind nach fachlich allgemein

anerkannten Regeln der Technik oder nach Verwaltungsvorschriften (Kostenvorschriften) auf der Grundlage ortsüblicher Preise zu ermitteln. Wird in dieser Verordnung die Die DIN 276 in Bezug genommen, so ist diese in der Fassung vom Dezember 2008 (DIN 276 - 1: 2008 - 12) bei der Ermittlung der anrechenbaren Kosten zugrunde zu legen. Die auf die Kosten von Objekten entfallene Umsatzsteuer ist nicht Bestandteil der anrechenbaren Kosten.

(2) Als anrechenbare Kosten gelten ortsübliche Preise, wenn der Auftraggeber
1. selbst Lieferungen oder Leistungen übernimmt,
2. von bauausführenden Unternehmen oder von Lieferanten sonst nicht übliche Vergünstigungen erhält,
3. Lieferungen oder Leistungen in Gegenrechnung ausführt oder
4. vorhandene oder vorbeschaffte Baustoffe oder Bauteile einbauen lässt.

§ 5 Honorarzonen

(1) Die Objekt-, Bauleit- und Tragwerksplanung wird den folgenden Honorarzonen zugeordnet:
1. Honorarzone I: sehr geringe Planungsanforderungen,
2. Honorarzone II: geringe Planungsanforderungen,
3, Honorarzone III: durchschnittliche Planungsanforderungen,
4. Honorarzone IV: überdurchschnittliche Planungsanforderungen,
5. Honorarzone V: sehr hohe Planungsanforderungen.

(2) Abweichend von Absatz 1 werden Landschaftspläne und die Planung der technischen Ausrüstung den folgenden Honorarzonen zugeordnet:
1. Honorarzone I: geringe Planungsanforderungen,
2. Honorarzone II: durchschnittliche Planungsanforderungen,
3. Honorarzone III: hohe Planungsanforderungen.

(3) Abweichend von den Absätzen 1 und 2 werden Grünordnungspläne und Landschaftsrahmenpläne den folgenden Honorarzonen zugeordnet:
1. Honorarzone I: durchschnittliche Planungsanforderungen,
2. Honorarzone II: hohe Planungsanforderungen.

(4) Die Honorarzonen sind anhand der Bewertungsmerkmale in den Honorarregelungen der jeweiligen Leistungsbilder der Teile 2 bis 4 zu ermitteln. Die Zurechnung zu den einzelnen Honorarzonen ist nach Maßgabe der Bewertungsmerkmale, gegebenenfalls der Bewertungspunkte und anhand der Regelbeispiele in den Objektlisten der Anlage 3 vorzunehmen.

§ 6 Grundlagen des Honorars

(1) Das Honorar für Leistungen nach dieser Verordnung richtet sich
1. für die Leistungsbilder der Teile 3 und 4 nach den anrechenbaren Kosten des Objektes auf der Grundlage der Kostenberechnung oder, soweit diese nicht vorliegt, auf der Grundlage der Kostenschätzung und für die Leistungsbilder des Teils 2, nach Flächengrößen oder Verrechnungseinheiten,
2. nach dem Leistungsbild,
3. nach der Honorarzone,
4. nach der dazugehörigen Honorartafel,
5. bei Leistungen im Bestand zusätzlich nach den §§ 35 und 36.

(2) Wenn zum Zeitpunkt der Beauftragung noch keine Planungen als Voraussetzung für eine Kostenschätzung oder Kostenberechnung vorliegen, können die Vertragsparteien abweichend von Absatz 1 schriftlich vereinbaren, dass das Honorar auf der Grundlage der anrechenbaren Kosten einer Baukostenvereinbarung nach den Vorschriften dieser Verordnung berechnet wird. Dabei werden nachprüfbare Baukosten einvernehmlich festgelegt.

§ 7 Honorarvereinbarung

(1) Das Honorar richtet sich nach der schriftlichen Vereinbarung, die die Vertragsparteien bei Auftragserteilung im Rahmen der durch diese Verordnung festgesetzten Mindest- und Höchstsätze treffen.

(2) Liegen die ermittelten, anrechenbaren Kosten, Werte oder Verrechnungseinheiten außerhalb der Tafelwerte dieser Verordnung, sind die Honorare frei vereinbar.

(3) Die in dieser Verordnung festgesetzten Mindestsätze können durch schriftliche Vereinbarung in Ausnahmefällen unterschritten werden.

(4) Die in dieser Verordnung festgesetzten Höchstsätze dürfen nur bei außergewöhnlichen oder ungewöhnlich lange dauernden Leistungen durch schriftliche Vereinbarung überschritten werden. Dabei bleiben Umstände, soweit sie bereits für die Einordnung in Honorarzonen oder für die Einordnung in den Rahmen der Mindest- und Höchstsätze mitbestimmend gewesen sind, außer Betracht.

(5) Ändert sich der beauftragte Leistungsumfang auf Veranlassung des Auftraggebers während der Laufzeit des Vertrages mit der Folge von Änderungen der anrechenbaren Kosten, Werten oder Verrechnungseinheiten, ist die dem Honorar zugrunde liegende Vereinbarung durch schriftliche Vereinbarung anzupassen.

(6) Sofern nicht bei Auftragserteilung etwas anderes schriftlich vereinbart worden ist, gelten die jeweiligen Mindestsätze gemäß Absatz 1 als vereinbart. Sofern keine Honorarvereinbarung nach Absatz 1 getroffen worden ist, sind die Leistungsphasen 1 und 2 bei der Flächenplanung mit den Mindestsätzen in Prozent des jeweiligen Honorars zu bewerten.

(7) Für Kostenunterschreitungen, die unter Ausschöpfung technisch-wirtschaftlicher oder umwelt-verträglicher Lösungsmöglichkeiten zu einer wesentlichen Kostensenkung ohne Verminderung des vertraglich festgelegten Standards führen, kann ein Erfolgshonorar schriftlich vereinbart werden, das bis zu 20 Prozent des vereinbarten Honorars betragen kann. In Fällen des Überschreitens der einvernehmlich festgelegten anrechenbaren Kosten kann ein Malus-Honorar in Höhe von bis zu 5 Prozent des Honorars vereinbart werden.

§ 8 Berechnung des Honorars in besonderen Fällen

(1) Werden nicht alle Leistungsphasen eines Leistungsbildes übertragen, so dürfen nur die für die übertragenen Phasen vorgesehenen Prozentsätze berechnet und vertraglich vereinbart werden.

(2) Werden nicht alle Leistungen einer Leistungsphase übertragen, so darf für die übertragenen Leistungen nur ein Honorar berechnet und vereinbart werden, das dem Anteil der übertragenen Leistungen an der gesamten Leistungsphase entspricht. Das Gleiche gilt, wenn wesentliche Teile von Leistungen dem Auftragnehmer nicht übertragen werden. Ein zusätzlicher Koordinierungs- und Einarbeitungsaufwand ist zu berücksichtigen.

§ 9 Berechnung des Honorars bei Beauftragung von Einzelleistungen

(1) Wird bei Bauleitplänen, Gebäuden und raumbildenden Ausbauten, Freianlagen, Ingenieurbauwerken, Verkehrsanlagen und technischer Ausrüstung die Vorplanung oder Entwurfsplanung als Einzelleistung in Auftrag gegeben, können die entsprechenden Leistungsbewertungen der jeweiligen Leistungsphase

1. für die Vorplanung den Prozentsatz der Vorplanung zuzüglich der Anteile bis zum Höchstsatz des Prozentsatzes der vorangegangenen Leistungsphase und
2. für die Entwurfsplanung den Prozentsatz der Entwurfsplanung zuzüglich der Anteile bis zum Höchstsatz des Prozentsatzes der vorangegangenen Leistungsphase betragen.

(2) Wird bei Gebäuden oder der Technischen Ausrüstung die Objektüberwachung als Einzelleistung in Auftrag gegeben, betragen die entsprechenden Leistungsbewertungen der Objektüberwachung
   1. für die Technische Ausrüstung den Prozentsatz der Objektüberwachung zuzüglich Anteile bis zum Höchstsatz des Prozentsatzes der vorangegangenen Leistungsphase betragen und
   2. für Gebäude anstelle der Mindestsätze nach den §§ 33 und 34 folgende Prozentsätze der anrechenbaren Kosten nach § 32 berechnet werden:
      a) 2,3 Prozent bei Gebäuden der Honorarzone II,
      b) 2,5 Prozent bei Gebäuden der Honorarzone III,
      c) 2,7 Prozent bei Gebäuden der Honorarzone IV,
      d) 3,0 Prozent bei Gebäuden der Honorarzone V.

(3) Wird die vorläufige Planfassung bei Landschaftsplänen oder Grünordnungsplänen als Einzelleistung in Auftrag gegeben, können abweichend von den Leistungsbewertungen in Teil 2 Abschnitt 2 bis zu 60 Prozent für die Vorplanung vereinbart werden.

§ 10 Mehrere Vorentwurfs- oder Entwurfsplanungen

Werden auf Veranlassung des Auftraggebers mehrere Vorentwurfs- oder Entwurfsplanungen für dasselbe Objekt nach grundsätzlich verschiedenen Anforderungen gefertigt, so sind für die vollständige Vorentwurfs- oder Entwurfsplanung die vollen Prozentsätze dieser Leistungsphasen nach § 3 Absatz 4 vertraglich zu vereinbaren. Bei der Berechnung des Honorars für jede weitere Vorentwurfs- oder Entwurfsplanung sind die anteiligen Prozentsätze der entsprechenden Leistungen vertraglich zu vereinbaren.

§ 11 Auftrag für mehrere Objekte

(1) Umfasst ein Auftrag mehrere Objekte, so sind die Honorare vorbehaltlich der folgenden Absätze für jedes Objekt getrennt zu berechnen. Dies gilt nicht für Objekte mit weitgehend vergleichbaren Objektbedingungen derselben Honorarzone, die im zeitlichen und örtlichen Zusammenhang als Teil einer Gesamtmaßnahme geplant, betrieben und genutzt werden. Das Honorar ist dann nach der Summe der anrechenbaren Kosten zu berechnen.

(2) Umfasst ein Auftrag mehrere im Wesentlichen gleichartige Objekte, die im zeitlichen oder örtlichen Zusammenhang unter gleichen baulichen Verhältnissen geplant und errichtet werden sollen, oder Objekte nach Typenplanung oder Serienbauten, so sind für die erste bis vierte Wiederholung die Prozentsätze der Leistungsphase 1 bis 7 um 50 Prozent, von der fünften bis siebten Wiederholung um 60 Prozent und ab der achten Wiederholung um 90 Prozent zu mindern.

(3) Umfasst ein Auftrag Leistungen, die bereits Gegenstand eines anderen Auftrages zwischen den Vertragsparteien waren, so findet Absatz 2 für die Prozentsätze der beauftragten Leistungsphasen in Bezug auf den neuen Auftrag auch dann Anwendung, wenn die Leistungen nicht im zeitlichen oder örtlichen Zusammenhang erbracht werden sollen.

(4) Die Absätze 1 bis 3 gelten nicht bei der Flächenplanung. Soweit bei bauleitplanerischen Leistungen im Sinne der §§ 17 bis 21 die Festlegungen, Ergebnisse und Erkenntnisse anderer Pläne, insbesondere die Bestandsaufnahme und Bewertungen von Landschaftsplänen und sonstigen Plänen herangezogen werden, ist das Honorar angemessen zu reduzieren; dies gilt auch, wenn mit der Aufstellung dieser Pläne andere Auftragnehmer betraut waren.

§ 12 Planausschnitte

Werden Teilflächen bereits aufgestellter Bauleitpläne (Planausschnitte) geändert oder überarbeitet, so sind bei der Berechnung des Honorars nur die Ansätze des zu bearbeitenden Planausschnitts anzusetzen.

§ 13 Interpolation

Die Mindest- und Höchstsätze für Zwischenstufen der in den Honorartafeln angegebenen anrechenbaren Kosten, Werte und Verrechnungseinheiten sind durch lineare Interpolation zu ermitteln.

§ 14 Nebenkosten

(1) Die bei der Ausführung des Auftrags entstehenden Nebenkosten des Auftragnehmers können, soweit sie erforderlich sind, abzüglich der nach § 15 Absatz 1 des Umsatzsteuergesetzes abziehbaren Vorsteuern neben den Honoraren dieser Verordnung berechnet werden. Die Vertragsparteien können bei Auftragserteilung schriftlich vereinbaren, dass abweichend von Satz 1 eine Erstattung ganz oder teilweise ausgeschlossen ist.

(2) Zu den Nebenkosten gehören insbesondere:
1. Versandkosten, Kosten für Datenübertragungen,
2. Kosten für Vervielfältigungen von Zeichnungen und schriftlichen Unterlagen sowie Anfertigung von Filmen und Fotos,
3. Kosten für ein Baustellenbüro einschließlich der Einrichtung, Beleuchtung und Beheizung,
4. Fahrtkosten für Reisen, die über einen Umkreis von 15 Kilometern um den Geschäftssitz des Auftragnehmers hinausgehen, in Höhe der steuerlich zulässigen Pauschalsätze, sofern nicht höhere Aufwendungen nachgewiesen werden,
5. Trennungsentschädigungen und Kosten für Familienheimfahrten nach den steuerlich zu-lässigen Pauschalsätzen, sofern nicht höhere Aufwendungen an Mitarbeiter oder Mitarbeiterinnen des Auftragnehmers aufgrund von tariflichen Vereinbarungen bezahlt werden,
6. Entschädigungen für den sonstigen Aufwand bei längeren Reisen nach Nummer 4, sofern die Entschädigungen vor der Geschäftsreise schriftlich vereinbart worden sind,
7. Entgelte für nicht dem Auftragnehmer obliegende Leistungen, die von ihm im Einvernehmen mit dem Auftraggeber Dritten übertragen worden sind.

(3) Nebenkosten können pauschal oder nach Einzelnachweis abgerechnet werden. Sie sind nach Einzelnachweis abzurechnen, sofern bei Auftragserteilung keine pauschale Abrechnung schriftlich vereinbart worden ist.

§ 15 Zahlungen

(1) Das Honorar wird fällig, soweit nichts anderes vertraglich vereinbart ist, wenn die Leistung vertragsgemäß erbracht und eine prüffähige Honorarschlussrechnung überreicht worden ist.

(2) Abschlagszahlungen können zu den vereinbarten Zeitpunkten oder in angemessenen zeitlichen Abständen für nachgewiesene Leistungen gefordert werden.

(3) Die Nebenkosten sind auf Nachweis fällig, sofern bei Auftragserteilung nicht etwas anderes vereinbart worden ist.

(4) Andere Zahlungsweisen können schriftlich vereinbart werden.

§ 16 Umsatzsteuer

(1) Der Auftragnehmer hat Anspruch auf Ersatz der gesetzlich geschuldeten Umsatzsteuer für nach dieser Verordnung anrechenbare Leistungen, sofern nicht die Kleinunternehmerregelung nach § 19 des Umsatzsteuergesetzes angewendet wird. Satz 1 gilt auch hinsichtlich der um die nach § 15 des Umsatzsteuergesetzes abziehbare Vorsteuer gekürzten Nebenkosten, die nach § 14 dieser Verordnung weiterberechenbar sind.

(2) Auslagen gehören nicht zum Entgelt für die Leistung des Auftragnehmers. Sie sind als durchlaufende Posten im umsatzsteuerrechtlichen Sinn einschließlich einer gegebenenfalls enthaltenen Umsatzsteuer weiter zu berechnen.

Teil 3:
Objektplanung

Teil 3 Objektplanung

Abschnitt 1 Gebäude und raumbildende Ausbauten

§ 35 Leistungen im Bestand

(1) Für Leistungen bei Umbauten und Modernisierungen kann für Objekte ein Zuschlag bis zu 80 Prozent vereinbart werden. Sofern kein Zuschlag schriftlich vereinbart ist, fällt für Leistungen ab der Honorarzone II ein Zuschlag von 20 Prozent an.

(2) Honorare für Leistungen bei Umbauten und Modernisierungen von Objekten im Sinne des § 2 Nummer 6 und 7 sind nach den anrechenbaren Kosten, der Honorarzone, den Leistungsphasen und der Honorartafel, die dem Umbau oder der Modernisierung sinngemäß zuzuordnen ist, zu ermitteln.

§ 36 Instandhaltungen und Instandsetzungen

(1) Für Leistungen bei Instandhaltungen und Instandsetzungen von Objekten kann vereinbart werden, den Prozentsatz für die Bauüberwachung um bis zu 50 Prozent zu erhöhen.

(2) Honorare für Leistungen bei Instandhaltungen und Instandsetzungen von Objekten sind nach den anrechenbaren Kosten, der Honorarzone, den Leistungsphasen und der Honorartafel, der die Instandhaltungs- und Instandsetzungsmaßnahme zuzuordnen ist, zu ermitteln.

Teil 4: Fachplanung
Abschnitt 2: Technische Ausrüstung

Teil 4 Fachplanung

Abschnitt 2 Technische Ausrüstung

§ 51 Anwendungsbereich

(1) Die Leistungen der Technischen Ausrüstung umfassen die Fachplanungen für die Objektplanung.

(2) Die Technische Ausrüstung umfasst folgende Anlagegruppen:
1. Abwasser-, Wasser- und Gasanlagen,
2. Wärmeversorgungsanlagen,
3. Lufttechnische Anlagen,
4. Starkstromanlagen,
5. Fernmelde-, und informationstechnische Anlagen,
6. Förderanlagen,
7. nutzungsspezifische Anlagen, einschließlich maschinen- und elektrotechnischen Anlagen in Ingenieurbauwerken,
8. Gebäudeautomation.

§ 52 Besondere Grundlagen des Honorars

(1) Das Honorar für Leistungen bei der Technischen Ausrüstung richtet sich nach den anrechenbaren Kosten der Anlagen einer Anlagengruppe nach § 51 Absatz 2. Anrechenbar bei Anlagen in Gebäuden sind auch sonstige Maßnahmen für technische Anlagen.

(2) § 11 Absatz 1 gilt nicht, soweit mehrere Anlagen in einer Anlagengruppe nach § 51 Absatz 2 zusammengefasst werden und in zeitlichem und örtlichen Zusammenhang als Teil einer Gesamtmaßnahme geplant, betrieben und genutzt werden.

(3) Nicht anrechenbar sind die Kosten für die nichtöffentliche Erschließung und die Technischen Anlagen in Außenanlagen, soweit der Auftragnehmer diese nicht plant oder ihre Ausführung überwacht.

(4) Werden Teile der Technischen Ausrüstung in Baukonstruktionen ausgeführt, so können die Vertragsparteien vereinbaren, dass die Kosten hierfür ganz oder teilweise zu den anrechenbaren Kosten gehören. Satz 1 gilt entsprechend für Bauteile der Kostengruppe Baukonstruktionen, deren Abmessung oder Konstruktion durch die Leistung der Technischen Ausrüstung wesentlich beeinflusst wird.

§ 53 Leistungsbild Technische Ausrüstung

(1) Das Leistungsbild „Technische Ausrüstung“ umfasst Leistungen für Neuanlagen, Wiederaufbauten, Erweiterungsbauten, Umbauten, Modernisierungen, Instandhaltungen und Instandsetzungen. Die Leistungen bei der Technischen Ausrüstung sind in neun Leistungsphasen zusammengefasst und werden wie folgt in Prozentsätzen der Honorare des § 54 bewertet.

	Bewertung der Leistungen in Prozent der Honorare
1. Grundlagenermittlung	3
2. Vorplanung	11
3. Entwurfsplanung	15
4. Genehmigungsplanung	6
5. Ausführungsplanung	18
6. Vorbereitung der Vergabe	6
7. Mitwirkung bei der Vergabe	5
8. Objektüberwachung – Bauüberwachung	33
9. Objektbetreuung und Dokumentation	3

Die einzelnen Leistungen jeder Leistungsphase sind in Anlage 14 geregelt.

(2) Die Leistungsphase 5 ist abweichend von Absatz 1, sofern das Anfertigen von Schlitz- und Durchbruchsplänen nicht in Auftrag gegeben wird, mit 14 Prozent der Honorare des § 54 zu bewerten.

(3) Die §§ 35 und 36 gelten entsprechend.

§ 54 Honorare für Leistungen bei der Technischen Ausrüstung

(1) Die Mindest- und Höchstsätze der Honorare für die in § 53 aufgeführten Leistungen bei einzelnen Anlagen sind in der folgenden Honorartafel festgesetzt:

Honorartafel zu § 54 Abs. 1 – Technische Ausrüstung						
	Zone I		Zone III		Zone V	
Anrechenbare Kosten	von	bis	von	bis	von	bis
		Zone II		Zone IV		
		von	bis	von	bis	
Euro	Euro	Euro	Euro	Euro	Euro	Euro
5.113	1.626	2.109	2.109	2.593	2.593	3.077
7.500	2.234	2.886	2.886	3.538	3.538	4.190
10.000	2.812	3.618	3.618	4.421	4.421	5.227
15.000	3.903	4.981	4.981	6.053	6.053	7.132
20.000	4.920	6.262	6.262	7.605	7.605	8.947
25.000	5.882	7.489	7.489	9.100	9.100	10.707
30.000	6.795	8.670	8.670	10.552	10.552	12.428
35.000	7.674	9.804	9.804	11.932	11.932	14.062
40.000	8.506	10.891	10.891	13.269	13.269	15.653
45.000	9.336	11.942	11.942	14.541	14.541	17.147
50.000	10.157	12.991	12.991	15.818	15.818	18.652
75.000	13.825	17.645	17.645	21.470	21.470	25.290
100.000	17.184	21.839	21.839	26.490	26.490	31.145
150.000	23.216	29.252	29.252	35.290	35.290	41.328
200.000	29.057	36.110	36.110	43.159	43.159	50.212
250.000	35.152	43.175	43.175	51.203	51.203	59.226
300.000	41.263	50.245	50.245	59.227	59.227	68.209
350.000	47.493	57.474	57.474	67.455	67.455	77.437
400.000	53.700	64.757	64.757	75.819	75.819	86.876
450.000	59.961	72.030	72.030	84.097	84.097	96.166
500.000	66.254	79.301	79.301	92.353	92.353	105.400
750.000	96.686	113.598	113.598	130.516	130.516	147.428
1.000.000	125.694	144.936	144.936	164.174	164.174	183.415
1.500.000	180.748	200.873	200.873	220.993	220.993	241.119
2.000.000	233.881	254.373	254.373	274.869	274.869	295.361
2.500.000	285.744	308.367	308.367	330.998	330.998	353.621
3.000.000	335.147	359.125	359.125	383.098	383.098	407.076
3.500.000	380.361	405.518	405.518	430.680	430.680	455.838
3.750.000	401.625	427.295	427.295	452.971	452.971	478.641
3.834.689	408.667	434.499	434.499	460.336	460.336	486.168

(2) Die Zuordnung zu den Honorarzonen wird anhand folgender Bewertungsmerkmale ermittelt:
1. Anzahl der Funktionsbereiche,
2. Integrationsansprüche,
3. technische Ausgestaltung,
4. Anforderungen an die Technik,
5. konstruktive Anforderungen.

(3) Werden Anlagen einer Anlagengruppe verschiedenen Honorarzonen zugeordnet, so ergibt sich das Honorar nach Absatz 1 aus der Summe der Einzelhonorare. Ein Einzelhonorar wird jeweils für die Anlagen ermittelt, die einer Honorarzone zugeordnet werden. Für die Ermittlung des Einzelhonorars ist zunächst für die Anlagen jeder Honorarzone das Honorar zu berechnen, das sich ergeben würde, wenn die gesamten anrechenbaren Kosten der Anlagengruppe nur der Honorarzone zugeordnet würden, für die das Einzelhonorar berechnet wird. Das Einzelhonorar ist dann nach dem Verhältnis der Summe der anrechenbaren Kosten der Anlagen einer Honorarzone zu den gesamten anrechenbaren Kosten der Anlagengruppe zu ermitteln.

Teil 5:
Übergangs- und Schlussvorschriften

Teil 5 Übergangs- und Schlussvorschriften

§ 55 Übergangsvorschrift

Die Verordnung gilt nicht für Leistungen, die vor ihrem Inkrafttreten vertraglich vereinbart wurden; insoweit bleiben die bisherigen Vorschriften anwendbar.

§ 56 Inkrafttreten, Außerkrafttreten

Diese Verordnung tritt am Tag nach der Verkündung in Kraft. Gleichzeitig tritt die Honorarordnung für Architekten und Ingenieure in der Fassung der Bekanntmachung vom 4. März 1991 (BGBl. I S. 533), die zuletzt durch Artikel 5 des Gesetzes vom 10. November 2001 (BGBl. I S. 2992), geändert worden ist, außer Kraft. Der Bundesrat hat zugestimmt.

Anlage 2 zu § 3 Absatz 3: Besondere Leistungen

Anlage 2 zu § 3 Absatz 3

2.11 Leistungsbild technische Ausrüstung

Das Leistungsbild kann folgende Besonderen Leistungen umfassen:

2.11.1 Grundlagenermittlung

Systemanalyse (Klären der möglichen Systeme nach Nutzen, Aufwand, Wirtschaftlichkeit und Durchführbarkeit und Umweltverträglichkeit),
Datenerfassung, Analysen und Optimierungsprozesse für energiesparendes und umweltverträgliches Bauen;

2.11.2 Vorplanung

Durchführen von Versuchen und Modellversuchen,
Untersuchung zur Gebäude- und Anlagenoptimierung hinsichtlich Energieverbrauch und Schadstoffemission (z.B. S02, NOx),
Erarbeiten optimierter Energiekonzepte;

2.11.3 Entwurfsplanung

Erarbeiten von Daten für die Planung Dritter, zum Beispiel für die Zentrale Leittechnik,
Detaillierter Wirtschaftlichkeitsnachweis,
Detaillierter Vergleich von Schadstoffemissionen,
Betriebskostenberechnungen,
Schadstoffemissionsberechnungen,
Erstellen des technischen Teils eines Raumbuchs als Beitrag zur Leistungsbeschreibung mit Leistungsprogramm des Objektplaners;

2.11.4 Ausführungsplanung

Prüfen und Anerkennen von Schalplänen des Tragwerksplaners und von Montage- und Werkstattzeichnungen auf Übereinstimmung mit der Planung,
Anfertigen von Plänen für Anschlüsse von beigestellten Betriebsmitteln und Maschinen,
Anfertigen von Stromlaufplänen;

2.11.5 Vorbereitung der Vergabe

Anfertigen von Ausschreibungszeichnungen bei Leistungsbeschreibung mit Leistungsprogramm;

2.11.6 Objektüberwachung (Bauüberwachung)

Durchführen von Leistungs- und Funktionsmessungen,
Ausbilden und Einweisen von Bedienungspersonal,
Überwachen und Detailkorrektur beim Hersteller,
Aufstellen, Fortschreiben und Überwachen von Ablaufplänen (Netzplantechnik für EDV);

2.11.7 Objektbetreuung und Dokumentation

Erarbeiten der Wartungsplanung und -organisation,
Ingenieurtechnische Kontrolle des Energieverbrauchs und der Schadstoffemission.

2.11.8 Besondere Leistungen bei Umbauten und Modernisierungen

Durchführen von Verbrauchsmessungen,
Endoskopische Untersuchungen;

Anlage 3 zu § 5 Absatz 4 Satz 2
Objektlisten

Anlage 3 zu § 5 Absatz 4 Satz 2

3.6 Anlagen der Technischen Ausrüstung

Nachstehende Anlagen werden in der Regel folgenden Honorarzonen zugeordnet:

3.6.1 Honorarzone I:

- Gas-, Wasser-, Abwasser- und sanitärtechnische Anlagen mit kurzen einfachen Rohrnetzen,
- Heizungsanlagen mit direktbefeuerten Einzelgeräten und einfache Gebäudeheizungsanlagen ohne besondere Anforderungen an die Regelung, Lüftungsanlagen einfacher Art,
- einfache Niederspannungs- und Fernmeldeinstallationen,
- Abwurfanlagen für Abfall oder Wäsche, einfache Einzelaufzüge, Regalanlagen, soweit nicht in Honorarzone II oder III erwähnt,
- chemische Reinigungsanlagen,
- medizinische und labortechnische Anlagen der Elektromedizin, Dentalmedizin, Medizinmechanik und Feinmechanik/Optik jeweils für Arztpraxen der Allgemeinmedizin;

3.6.2 Honorarzone II:

- Gas-, Wasser-, Abwasser- und sanitärtechnische Anlagen mit umfangreichen verzweigten Rohrnetzen, Hebeanlagen und Druckerhöhungsanlagen, manuelle Feuerlösch- und Brandschutzanlagen,
- Gebäudeheizungsanlagen mit besonderen Anforderungen an die Regelung, Fernheiz- und Kältenetze mit Übergabestationen, Lüftungsanlagen mit Anforderungen an Geräuschstärke, Zugfreiheit oder mit zusätzlicher Luftaufbereitung (außer geregelter Luftkühlung),
- Kompaktstationen, Niederspannungsleitungs- und Verteilungsanlagen, soweit nicht in Honorarzone I oder III erwähnt, kleine Fernmeldeanlagen und -netze, zum Beispiel kleine Wählanlagen nach Telekommunikationsordnung, Beleuchtungsanlagen nach der Wirkungsgrad-Berechnungsmethode, Blitzschutzanlagen,
- Hebebühnen, flurgesteuerte Krananlagen, Verfahr-, Einschub- und Umlaufregelanlagen, Fahrtreppen und Fahrsteige, Förderanlagen mit bis zu zwei Sende- und Empfangsstellen, schwierige Einzelaufzüge, einfache Aufzugsgruppen ohne besondere Anforderungen, technische Anlagen für Mittelbühnen,
- Küchen und Wäschereien mittlerer Größe,
- medizinische und labortechnische Anlagen der Elektromedizin, Dentalmedizin, Medizinmechanik und Feinmechanik/Optik sowie Röntgen- und Nuklearanlagen mit kleinen Strahlendosen jeweils für Facharzt- oder Gruppenpraxen, Sanatorien, Altersheime und einfache Krankenhausfachabteilungen, Laboreinrichtungen, zum Beispiel für Schulen und Fotolabors;

3.6.3 Honorarzone III:

- Gaserzeugungsanlagen und Gasdruckreglerstationen einschließlich zugehöriger Rohrnetze, Anlagen zur Reinigung, Entgiftung und Neutralisation von Abwasser, Anlagen zur biologischen, chemischen und physikalischen Behandlung von Wasser-, Abwasser- und sanitärtechnischen Anlagen mit überdurchschnittlichen hygienischen Anforderungen, automatische Feuerlösch- und Brandschutzanlagen,

- Dampfanlagen, Heißwasseranlagen, schwierige Heizungssysteme neuer Technologien, Wärmepumpanlagen, Zentralen für Fernwärme und Fernkälte, Kühlanlagen, Lüftungsanlagen mit geregelter Luftkühlung und Klimaanlagen einschließlich der zugehörigen Kälteerzeugungsanlagen,
- Hoch- und Mittelspannungsanlagen, Niederspannungsschaltanlagen, Eigenstromerzeugungs- und Umformeranlagen, Niederspannungsleitungs- und Verteilungsanlagen mit Kurzschlussberechnungen, Beleuchtungsanlagen nach der Punkt-für-Punkt-Berechnungsmethode, große Fernmeldeanlagen und -netze,
- Aufzugsgruppen mit besonderen Anforderungen, gesteuerte Förderanlagen mit mehr als zwei Sende- und Empfangsstellen, Regalbediengeräte mit zugehörigen Regalanlagen, zentrale Entsorgungsanlagen für Wäsche, Abfall oder Staub, technische Anlagen für Großbühnen, höhen-verstellbare Zwischenböden und Wellenerzeugungsanlagen in Schwimmbecken, automatisch betriebene Sonnenschutzanlagen,
- Großküchen und Großwäschereien,
- medizinische und labortechnische Anlagen für große Krankenhäuser mit ausgeprägten Unter-suchungs- und Behandlungsräumen sowie für Kliniken und Institute mit Lehr- und Forschungsaufgaben, Klimakammern und Anlagen für Klimakammern, Sondertemperaturräume und Reinräume, Vakuumanlagen, Medienver- und -entsorgungsanlagen, chemische und physikalische Einrichtungen für Großbetriebe, Forschung und Entwicklung, Fertigung, Klinik und Lehre.

Anlage 14 zu § 53 Absatz 1 Leistungen im Leistungsbild Technische Ausrüstung

Anlage 14 zu § 53 Absatz 1

Leistungen im Leistungsbild Technische Ausrüstung

Leistungsphase 1: Grundlagenermittlung

a) Klären der Aufgabenstellung der Technischen Ausrüstung im Benehmen mit dem Auftraggeber und dem Objektplaner oder der Objektplanerin, insbesondere in technischen und wirtschaftlichen Grundsatzfragen,
b) Zusammenfassen der Ergebnisse;

Leistungsphase 2: Vorplanung (Projekt- und Planungsvorbereitung)

a) Analyse der Grundlagen,
b) Erarbeiten eines Planungskonzepts mit überschlägiger Auslegung der wichtigen Systeme und Anlagenteile einschließlich Untersuchung der alternativen Lösungsmöglichkeiten nach gleichen Anforderungen mit skizzenhafter Darstellung zur Integrierung in die Objektplanung einschließlich Wirtschaftlichkeitsvorbetrachtung,
c) Aufstellen eines Funktionsschemas beziehungsweise Prinzipschaltbildes für jede Anlage,
d) Klären und Erläutern der wesentlichen fachspezifischen Zusammenhänge, Vorgänge und Bedingungen,
e) Mitwirken bei Vorverhandlungen mit Behörden und anderen an der Planung fachlich Beteiligten über die Genehmigungsfähigkeit,
f) Mitwirken bei der Kostenschätzung, bei Anlagen in Gebäuden: nach DIN 276,
g) Zusammenstellen der Vorplanungsergebnisse;

Leistungsphase 3: Entwurfsplanung (System- und Integrationsplanung)

a) Durcharbeiten des Planungskonzepts (stufenweise Erarbeitung einer zeichnerischen Lösung) unter Berücksichtigung aller fachspezifischen Anforderungen sowie unter Beachtung der durch die Objektplanung integrierten Fachplanungen bis zum vollständigen Entwurf,
b) Festlegen aller Systeme und Anlagenteile,
c) Berechnung und Bemessung sowie zeichnerische Darstellung und Anlagenbeschreibung,
d) Angabe und Abstimmung der für die Tragwerksplanung notwendigen Durchführungen und Lastangaben (ohne Anfertigen von Schlitz- und Durchbruchsplänen),
e) Mitwirken bei Verhandlungen mit Behörden und anderen an der Planung fachlich Beteiligten über die Genehmigungsfähigkeit,
f) Mitwirken bei der Kostenrechnung, bei Anlagen in Gebäuden: nach DIN 276,
g) Mitwirken bei der Kostenkontrolle durch Vergleich der Kostenberechnung mit der Kostenschätzung;

Leistungsphase 4: Genehmigungsplanung

a) Erarbeiten der Vorlagen für die nach den öffentlich-rechtlichen Vorschriften erforderlichen Genehmigungen oder Zustimmungen einschließlich der Anträge auf Ausnahmen und Befreiungen sowie noch notwendiger Verhandlungen mit Behörden,
b) Zusammenstellen dieser Unterlagen,
c) Vervollständigen und Anpassen der Planungsunterlagen, Beschreibungen und Berechnungen;

Leistungsphase 5: Ausführungsplanung

a) Durcharbeiten der Ergebnisse der Leistungsphasen 3 und 4 (stufenweise Erarbeitung und Darstellung der Lösung) unter Berücksichtigung aller fachspezifischen Anforderungen sowie unter Beachtung der durch die Objektplanung integrierten Fachleistungen bis zur ausführungsreifen Lösung,

b) Zeichnerische Darstellung der Anlagen mit Dimensionen (keine Montage- und Werkstattzeichnungen),
c) Anfertigen von Schlitz- und Durchbruchsplänen,
d) Fortschreibung der Ausführungsplanung auf den Stand der Ausschreibensergebnisse;

Leistungsphase 6: Vorbereitung der Vergabe

a) Ermitteln von Mengen als Grundlage für das Aufstellen von Leistungsverzeichnissen in Abstimmung mit Beiträgen anderer an der Planung fachlich Beteiligter,
b) Aufstellen von Leistungsbeschreibungen mit Leistungsverzeichnissen nach Leistungsbereichen;

Leistungsphase 7: Mitwirkung bei der Vergabe

a) Prüfen und Werten der Angebote einschließlich Aufstellen eines Preisspiegels nach Teilleistungen,
b) Mitwirken bei der Verhandlung mit Bietern und Erstellen eines Vergabevorschlages,
c) Mitwirken beim Kostenanschlag aus Einheits- oder Pauschalpreisen der Angebote, bei Anlagen in Gebäuden: nach DIN 276,
d) Mitwirken bei der Kostenkontrolle durch Vergleich des Kostenanschlags mit der Kostenberechnung,
e) Mitwirken bei der Auftragserteilung;

Leistungsphase 8: Objektüberwachung (Bauüberwachung)

a) Überwachen der Ausführung des Objektes auf Übereinstimmung mit der Baugenehmigung oder Zustimmung, den Ausführungsplänen, den Leistungsbeschreibungen oder Leistungsverzeichnissen sowie mit den allgemein anerkannten Regeln der Technik und den einschlägigen Vorschriften,
b) Mitwirken bei dem Aufstellen und Überwachen eines Zeit-planes (Balkendiagramm),
c) Mitwirken bei dem Führen eines Bautagebuches,
d) Mitwirken beim Aufmass mit den ausführenden Unternehmen,
e) Fachtechnische Abnahme der Leistungen und Feststellen der Mängel,
f) Rechnungsprüfung,
g) Mitwirken bei der Kostenfeststellung, bei Anlagen in Gebäuden: nach DIN 276,
h) Antrag auf behördliche Abnahmen und Teilnahme daran,
i) Zusammenstellen und Übergeben der Revisionsunterlagen, Bedienungsanleitungen und Prüfprotokolle,
j) Mitwirken beim Auflisten der Verjährungsfristen für Mängelansprüche,
k) Überwachen der Beseitigung der bei der Abnahme der Leistungen festgestellten Mängel,
l) Mitwirken bei der Kostenkontrolle durch Überprüfen der Leistungsabrechnung der bauausführenden Unternehmen im Vergleich zu den Vertragspreisen und dem Kostenanschlag;

Leistungsphase 9: Objektüberwachung und Dokumentation

a) Objektbegehung zur Mängelfeststellung vor Ablauf der Verjährungsfristen für Mängelansprüche gegenüber den ausführenden Unternehmen,
b) Überwachen der Beseitigung von Mängeln, die innerhalb der Verjährungsfristen für Mängelansprüche, längstens jedoch bis zum Ablauf von vier Jahren seit Abnahme der Leistungen auftreten,
c) Mitwirken bei der Freigabe von Sicherheitsleistungen,
d) Mitwirken bei der systematischen Zusammenstellung der zeichnerischen Darstellungen und rechnerischen Ergebnisse des Objekts.